CONFÉRENCES DE

PALÉONTOLOGIE

par Marcellin BOULE

MASSON & Cⁱᵉ, Editᵘʳˢ

CONFÉRENCES

DE

PALÉONTOLOGIE

DIVISION

DU

COURS ÉLÉMENTAIRE D'HISTOIRE NATURELLE

(Zoologie, Botanique, Géologie et Paléontologie)

RÉDIGÉ CONFORMÉMENT AUX PROGRAMMES DU 31 MAI 1902

PAR MM.

M. BOULE

Professeur au Muséum d'histoire
naturelle.

E.-L. BOUVIER

Professeur au Muséum d'histoire
naturelle, Membre de l'Institut.

H. LECOMTE

Professeur aux lycées Henri IV et Saint-Louis.

PREMIER CYCLE

Notions de Zoologie (Classes de sixième A et B), par E.-L. Bouvier. Un volume in-16, cartonné toile anglaise, avec nombreuses figures. 2 fr. 50

Notions de Botanique (Classes de cinquième A et B), par H. Lecomte. Un volume in-16, cartonné toile anglaise, avec nombreuses figures. 2 fr. 75

Notions de Géologie (Classe de cinquième B et quatrième A), par M. Boule. Un volume in-16, cartonné toile anglaise, avec nombreuses figures. 1 fr. 75

Notions de Biologie, d'Anatomie et de Physiologie appliquées à l'homme (Classe de troisième B), par E.-L. Bouvier. Un vol. in-16, cartonné toile anglaise, avec nombreuses figures. 2 fr. 50

SECOND CYCLE

Conférences de Géologie (Classes de seconde A, B, C, D), par M. Boule. Un volume in-16 cartonné toile anglaise, avec nombreuses figures et cartes en couleurs . . . . 2 fr. 50

Anatomie et physiologie végétales (Classes de philosophie A et B et de mathématiques A et B), par H. Lecomte. Un volume in-16, cartonné toile anglaise, avec nombreuses figures. . . . 2 fr. 50

Anatomie et physiologie animales (Classes de philosophie A et B et de mathématiques A et B), par E.-L. Bouvier. Un volume in-16, cartonné toile anglaise, avec nombreuses figures . . . . . 4 fr.

Conférences de paléontologie (Classes de philosophie A et B et de mathématiques A et B), par M. Boule. Un volume in-16, cartonné toile anglaise, avec nombreuses figures. . . . . 2 fr.

54176. — Imprimerie Lahure, 9, rue de Fleurus, à Paris.

CONFÉRENCES

DE

PALÉONTOLOGIE

PAR

Marcellin BOULE

PROFESSEUR DE PALÉONTOLOGIE AU MUSÉUM D'HISTOIRE NATURELLE

*CLASSES DE PHILOSOPHIE A, B
ET DE MATHÉMATIQUES A, B)*

PARIS

MASSON ET Cie, ÉDITEURS

120, BOULEVARD SAINT-GERMAIN

1905

A

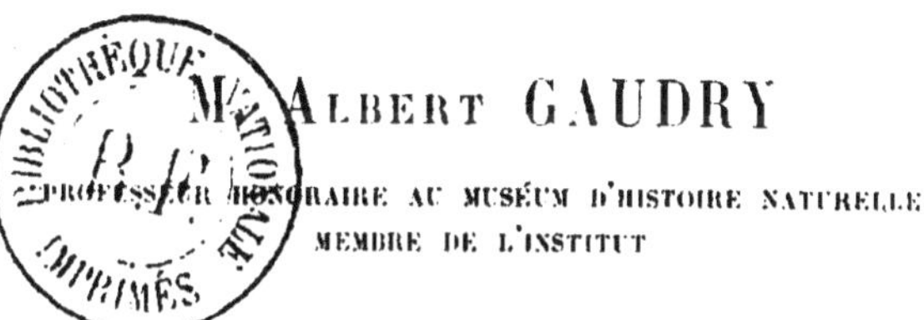

MR ALBERT GAUDRY

PROFESSEUR HONORAIRE AU MUSÉUM D'HISTOIRE NATURELLE
MEMBRE DE L'INSTITUT

Cher et illustre Maître,

*Vous m'avez appris la Paléontologie et vous avez obtenu que
les jeunes Français soient initiés à cette noble science.*
Ce petit livre vous appartient donc doublement.
Je vous prie d'en agréer la dédicace.

Marcellin BOULE.

Janvier 1905.

PRÉFACE

Après avoir demandé l'introduction de la Paléontologie dans les programmes des lycées, le Conseil supérieur de l'Instruction publique a sagement limité l'enseignement nouveau à un petit nombre de leçons.

Pour répondre aux intentions du Conseil supérieur, j'ai tâché de réunir en peu de pages les principaux traits de la grande histoire du monde animé.

Il m'a semblé que la représentation des créatures des temps passés serait plus instructive que de longues descriptions. Aussi j'ai multiplié les figures. Ce petit livre en contient plus de 200. La plupart, nouvelles, ont été faites sous mes yeux, par un de nos habiles préparateurs, M. Papoint, d'après les documents de la galerie de Paléontologie du Muséum, dont j'ai l'administration.

Le travail est divisé en cinq parties correspondant aux cinq conférences réglementaires. Chacune d'elles renferme à peu près la matière d'une leçon d'une heure.

Dans les légendes des figures, j'ai cru devoir désigner les fossiles par leurs noms de genres, mais il n'est pas indispensable que les élèves retiennent ceux qui ne se trouvent pas dans le texte courant.

J'ai eu beaucoup de plaisir à écrire des notions de Géologie et de Paléontologie pour les élèves de nos lycées. J'aurai fait vraiment œuvre utile si j'ai contribué à répandre le goût des sciences de la Nature, car elles élargissent notre esprit et, à tout âge, elles charment notre vie.

M. B.

CONFÉRENCES

DE

PALÉONTOLOGIE

PREMIÈRE CONFÉRENCE

LA PALÉONTOLOGIE, SON HISTOIRE, SA MÉTHODE ET SON BUT
LES GRANDES DIVISIONS DE L'HISTOIRE DE LA TERRE

1. *Définition.* — La Paléontologie ([1]) a pour but l'étude des êtres qui ont vécu à la surface du globe terrestre avant les temps actuels.

Ces êtres anciens nous sont connus par les *fossiles* ([2]), qui représentent leurs restes ou leurs traces conservés dans les terrains sédimentaires. La Paléontologie peut donc être définie également : la science des fossiles.

2. *Fossiles et fossilisation.* — Exposés à l'air libre, après leur mort, les corps des êtres vivants, animaux ou végétaux, ne tardent pas à se désagréger, à se décomposer et à disparaître complètement. Pour qu'ils puissent se conserver et devenir des fossiles, ils doivent être soustraits à l'action des agents atmosphériques, c'est-à-dire enfouis dans des sédiments.

([1]) Du grec *palaios*, ancien ; *onta*, les choses qui sont (*étant*), et *logos*, discours.

([2]) Du latin *fossilis*, qu'on tire de la terre.

Sauf de rares exceptions, ce ne sont que les parties dures des animaux qui se conservent par la fossilisation : le test des Foraminifères, des Oursins, des Polypiers; les coquilles des Mollusques, les ossements des Vertébrés.

Ces parties solides du corps des animaux n'ont pas gardé tous leurs caractères physiques et chimiques. D'une manière générale, les changements sont d'autant plus grands que les fossiles appartiennent à des terrains plus anciens. Tandis que les coquilles de Mollusques ou les ossements de Vertébrés qu'on retire des couches quaternaires diffèrent fort peu, par leur aspect, leur densité et leur composition chimique, des coquilles ou des ossements de l'époque actuelle, il n'en est pas de même des fossiles d'époques plus éloignées.

Ce sont d'abord les substances organiques qui disparaissent. Puis ces matières sont remplacées par des substances minérales de nature variée, carbonate de chaux, silice, etc. qui augmentent la densité, la dureté des corps organisés et, comme on dit vulgairement, les *pétrifient*. Mais ces transformations chimiques peuvent s'opérer sans altérer la structure intime des fossiles. C'est ainsi qu'au microscope on retrouve souvent les caractères du tissu osseux sur des échantillons ayant perdu toute apparence organique.

Si la chitine, qui incruste les téguments des Crustacés, ne se conserve pas toujours, du moins elle laisse une empreinte qui reproduit la forme du corps de l'animal.

Dans les couches perméables, les fossiles de nature calcaire, comme les coquilles de Mollusques, peuvent être dissous par les eaux chargées d'acide carbonique ; à leur place, il se produit un vide dont les parois extérieures représentent le *moule externe* du fossile. Lorsque le fossile est lui-même creux, le remplissage de la cavité par les sédiments forme un *moule interne* (fig. 1).

Dans les vides ainsi produits, si l'on coule du plâtre, on peut avoir le moulage du fossile disparu. Il y a à Sézanne, près de Reims, une roche calcaire formée par des eaux minérales et toute percée de trous plus ou moins réguliers. En moulant ces cavités, on a obtenu des reproductions d'Insectes, de mousses, de fleurs avec leurs pétales, leurs étamines et leurs pistils (fig. 2).

Ce que nous faisons artificiellement a été souvent réalisé dans la nature. De nouvelles eaux chargées de substances diverses ont moulé les cavités de dissolution; c'est ainsi qu'il y a des fossiles en silice, en sulfure de fer ou *pyrite*, en phosphate de chaux, etc.

Dans des conditions privilégiées, les parties molles des animaux ont pu se conserver. On a trouvé, dans le département du Lot, des Grenouilles et des Serpents dont la peau a été transformée en phosphate de chaux (fig. 5); ce sont de véritables momies d'une prodigieuse antiquité. Ailleurs, des Chauves-souris ont laissé des

Fig. 1. — Moule externe et interne d'une coquille fossile. — *a, a*, vide laissé par la dissolution de la coquille.

traces de la fine membrane de leurs ailes. Au milieu des calcaires lithographiques, d'un grain extrêmement fin, on dé-

Fig. 2. — Moulage d'une fleur obtenue en coulant du plâtre dans une cavité du travertin de Sézanne (grandeur naturelle).

Fig. 5. — Grenouille transformée en phosphate de chaux (1/2 de la grandeur naturelle).

couvre fréquemment des empreintes de Méduses, c'est-à-dire de Zoophytes marins, dont le corps n'est qu'une sorte de gelée transparente (fig. 4).

3. *Pistes et traces mécaniques*. — Les animaux d'autrefois ont aussi laissé sur les sédiments des traces de pistes ou de pas.

Il y a, dans les terrains les plus anciens de la Normandie, des fossiles de forme allongée, divisés en deux parties, ou lobes, par un sillon longitudinal et qu'on a appelés pour cela des *Bilobites*. Ce sont des pistes produites par des animaux, probablement des Crustacés, sur le sable marin, et moulées par un apport de matières sédimentaires (fig. 5).

Aux environs de Lodève se trouvent des grès avec des empreintes de pattes à cinq doigts qui ont été faites par de grands Reptiles (fig. 6).

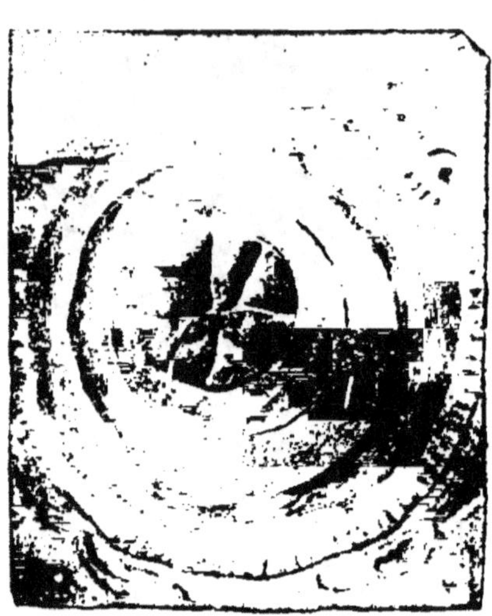

Fig. 4. — Empreinte de Méduse sur une plaque de calcaire lithographique (diamètre réel : 0^m,50).

Même certains phénomènes physiques ont été enregistrés par les sédiments. On peut citer des empreintes produites par la chute de gouttes de pluie (fig. 7), et des ondulations tracées sur le sable des rivages par les vagues de la mer.

Fig. 5. — Pistes d'animaux (Bilobites), sur un grès silurien de Normandie (1/5 de la grandeur naturelle).

4. *Histoire de la Paléontologie*. — Il y a eu de tout temps des esprits curieux et de bons observateurs. Quelques philosophes de l'Antiquité ont pressenti la véritable nature des fossiles.

D'après Hérodote, les prêtres égyptiens connaissaient les coquilles fossiles, les regardaient comme ayant une origine marine et attribuaient à des déluges périodiques leur présence sur des points aujourd'hui très éloignés de la mer.

« Xanthus, écrit Strabon, prétendait avoir trouvé en plusieurs endroits, fort éloignés de la mer, des espèces de Conques, et de Pétoncles et de Moules pétrifiées.... D'après cela, il

Fig. 6. — Empreintes de pas d'un Reptile sur un grès du Trias de Lodéve (Hérault) (1/10° environ de la grandeur naturelle).

Fig. 7. — Traces de pas d'un animal inconnu et empreintes de gouttes de pluie sur une plaque de grès du Trias.

était persuadé que ce qui est terre aujourd'hui avait été mer autrefois. »

On connaît ces mots d'Ovide : « Croyez-moi, rien ne périt dans ce vaste univers, mais tout varie et change de figure... Je pense que rien ne dure longtemps sous la même apparence... ce qui fut un terrain solide est devenu une mer ; des terres sont sorties du sein des eaux, et des coquilles marines ont été trouvées gisant loin de la mer. »

Les os énormes, qu'on retire parfois de la pierre, avaient aussi intrigué les Anciens ; ils les attribuaient à des représentants de races humaines géantes ou à des héros.

Pendant tout le moyen âge et la plus grande partie des temps modernes, on a fait, au sujet des fossiles, les suppositions les plus curieuses. On les a le plus souvent considérés comme des *jeux de la nature*, c'est-à-dire comme des corps ayant, avec les êtres animés, des ressemblances fortuites et illusoires ; on y voyait des phénomènes analogues aux figures que nous offrent les nuages dans leurs mouvantes transformations.

Deux grands artistes de la Renaissance, Léonard de Vinci, en Italie, Bernard Palissy, en France, énoncèrent pourtant des idées exactes sur les fossiles.

Après avoir déclaré que les coquilles fossiles ont vécu sur le lieu même que la mer occupait autrefois, Léonard de Vinci avait dit : « Les grandes rivières charrient dans l'Océan les débris des terres, et les bancs ainsi formés ont été recouverts par d'autres d'épaisseurs différentes ; enfin ce qui était le fond de la mer est devenu le sommet des montagnes. »

En 1580, Bernard Palissy « simple potier de terre qui ne savait ni latin ni grec » soutint à Paris, contre les Docteurs de la Sorbonne, que les coquilles et les Poissons pétrifiés qu'on trouve dans certains terrains ont vécu à cet endroit même « pendant que les roches n'estoyent que de l'eau et de la vase, lesquels depuis ont été pétrifiés après que l'eau a défailly ».

Jusqu'à la fin du xviiie siècle, ces idées firent peu de progrès. Cependant, de divers côtés, on collectionnait des fossiles. Les grands Seigneurs avaient des cabinets de curiosités où l'on voyait des pétrifications. Ils faisaient publier de beaux ouvrages où ces curiosités étaient décrites et figurées.

Buffon a bien enseigné que les fossiles sont les dépouilles d'êtres ayant vécu autrefois, mais il n'a pas su distinguer ces êtres des êtres actuels.

En réalité, jusqu'au début du xixe siècle, on n'a eu sur les fossiles que des notions vagues, sans aucun caractère scientifique ; la Paléontologie est une science toute moderne.

5. *Georges Cuvier*. — A ce moment, Georges Cuvier fit faire de tels progrès à l'étude des fossiles qu'il doit être considéré comme le véritable fondateur de la Paléontologie.

Cuvier déclara d'abord que les animaux fossiles étaient différents des animaux actuels. Pour le démontrer, il négligea les coquilles parce que, à une époque où les connaissances zoologiques étaient limitées, on aurait pu lui objecter que ces coquilles existent peut-être dans quelque partie ignorée du globe ou dans les profondeurs de l'Océan. Il préféra s'adresser aux animaux supérieurs, aux Mammifères, qui sont connus depuis longtemps et dont les plus grands représentants ne sauraient être passés inaperçus.

Mais pour ces Mammifères il y avait encore une difficulté. Si Cuvier avait eu des squelettes entiers d'animaux fossiles, il lui eût suffi de les comparer avec les squelettes d'animaux actuels pour constater leurs différences. Or, le plus souvent, on ne rencontre que des parties isolées du squelette de ces animaux. Il dut cependant trouver le moyen de les déterminer et de se faire une idée de la constitution de l'animal au moyen de ces fragments. Il fut ainsi amené à créer l'anatomie comparée.

Il s'appuya d'abord sur la loi de l'unité de plan formulée par son collègue E. Geoffroy Saint-Hilaire. D'après cette loi, tous les animaux appartenant à un même type d'organisation, les Vertébrés par exemple, sont construits sur un même plan, formés des mêmes parties disposées de la même manière. Que l'on prenne, par exemple, des squelettes de Poisson, d'Oiseau, de Mammifère, ils se composent tous du crâne, de la colonne vertébrale, des membres, etc. ; chacune de ces parties est elle-même constituée par les mêmes os qu'on retrouve partout sous des formes variées : un membre postérieur d'Oiseau est formé, comme un membre postérieur de Reptile ou de Mammifère, d'un premier os qui est le fémur, de deux autres os, qui sont le tibia et le péroné, d'un tarse, d'un métatarse et de doigts.

Cuvier découvrit, en outre, le principe de la corrélation des formes au moyen duquel « chaque sorte d'être pourrait, à la rigueur, être reconnue par chaque fragment de chacune de ses parties ».

« Tout être organisé, dit-il, forme un ensemble, un système unique et clos, dont les parties se correspondent mutuellement et concourent à la même action définitive par une réaction réciproque. Aucune de ces parties ne peut changer sans que les autres changent aussi ; et par conséquent chacune d'elles, prise séparément, indique et domine toutes les autres. »

« Si les intestins d'un animal sont organisés de manière à ne digérer que de la chair et de la chair récente, il faut aussi que ses mâchoires soient construites pour dévorer une proie ; ses griffes pour la saisir et la déchirer ; ses dents pour la couper et la diviser ; le système entier de ses organes du mouvement, pour la poursuivre et pour l'atteindre ; ses organes des sens, pour l'apercevoir de loin ; il faut même que la nature ait placé dans son cerveau l'instinct nécessaire pour savoir se cacher et tendre des pièges à ses victimes....

« La forme de la dent entraîne la forme du condyle, celle de l'omoplate, celle des ongles, tout comme l'équation d'une courbe entraîne toutes ses propriétés.

« ... Toutes les fois que l'on a seulement une extrémité d'os bien conservée, on peut, avec de l'application et en s'aidant avec un peu d'adresse de l'analogie et de la comparaison effective, déterminer toutes ces choses aussi sûrement que si l'on possédait l'animal tout entier. »

Ces principes, comme nous le reconnaissons aujourd'hui, sont loin d'être toujours d'accord avec les faits [1]. Cependant, en les admettant, Cuvier a reconstitué exactement un certain nombre de Vertébrés fossiles dont il ne connaissait que des débris.

6. *La Paléontologie depuis Cuvier. — Divers aspects de la science.* - Depuis Cuvier la Paléontologie a fait des progrès immenses. Partout on s'est livré à l'étude des fossiles. Les recherches entreprises dans les régions du globe les plus variées ont conduit à de merveilleuses découvertes. Toutes les nations civilisées s'appliquent aujourd'hui à faire des musées de paléontologie où sont rassemblés les débris des créatures du passé (fig. 8). Les espèces disparues, qui ont été

[1] La loi de corrélation des formes est ordinairement en défaut quand on considère des animaux très anciens, différant par suite beaucoup des animaux actuels.

Fig. 8. — Galerie de Paléontologie du Muséum à Paris.

retrouvées. sont déjà innombrables. Pour ne citer que le groupe des Mammifères, le nombre des formes anciennes dépasse infiniment le nombre des formes actuelles.

Les paléontologistes qui ont continué l'œuvre de Cuvier peuvent être répartis en trois groupes :

1° Les uns ont fait purement œuvre zoologique ; ils ont étudié les fossiles en établissant les différences qui les séparent des animaux actuels et se sont ainsi contentés de grossir les catalogues des êtres animés.

2° D'autres les ont considérés surtout au point de vue de leur antiquité relative. « La première notion à obtenir dans l'étude paléontologique, a dit d'Orbigny, c'est la date. » Ces paléontologistes poursuivent un but essentiellement pratique. en aidant les géologues à classer les couches ou strates : ils font de la *Paléontologie stratigraphique.*

3° Une troisième manière de comprendre la paléontologie consiste à associer les deux premières, à demander à l'anatomie comparée et à la géologie, c'est-à-dire à la chronologie, de s'éclairer et de se compléter mutuellement, à s'attacher à voir les ressemblances après s'être attaché à voir les différences, à faire succéder la synthèse à l'analyse. C'est la *Paléontologie historique,* dont le but est de faire l'histoire du monde animé.

7. *Paléontologie stratigraphique. Les fossiles caractéristiques.* — Les fossiles fournissent aux géologues de précieuses indications sur la manière dont les terrains se sont formés. A la lumière des êtres vivants, *on peut déterminer le milieu dans lequel les êtres fossiles ont vécu et les conditions de dépôt des couches qui les renferment.*

Voici, par exemple, des calcaires renfermant des coquilles fossiles (fig. 9), semblables aux coquilles de Mollusques qui ne vivent actuellement que dans l'eau douce, les Limnées (fig. 10) ; nous pouvons affirmer que ces calcaires se sont déposés dans un lac. Voici, d'un autre côté, des grès avec des coquilles d'Huîtres ; nous disons que ces grès représentent un dépôt marin. Et dans les fossiles marins eux-mêmes, certaines formes se rapprocheront plutôt de types vivant actuellement loin des côtes et à une certaine profondeur, tandis que d'autres formes auront plutôt des affinités avec des types ne s'éloignant pas des rivages; nous distinguerons ainsi les dépôts côtiers des dépôts profonds.

Mais les fossiles rendent au géologue des services encore plus importants. Ils jouent pour lui le même rôle que les monnaies antiques pour l'archéologue. « Les fossiles, a-t-on dit, sont les médailles de la création. » On peut encore les comparer aux chiffres de la pagination d'un livre dont les feuillets sont représentés par les couches sédimentaires. Chaque terrain a ses *fossiles caractéristiques.*

Ainsi, *grâce aux fossiles, la géologie, en possession d'une chronologie, devient une science historique.*

La valeur des fossiles ca-

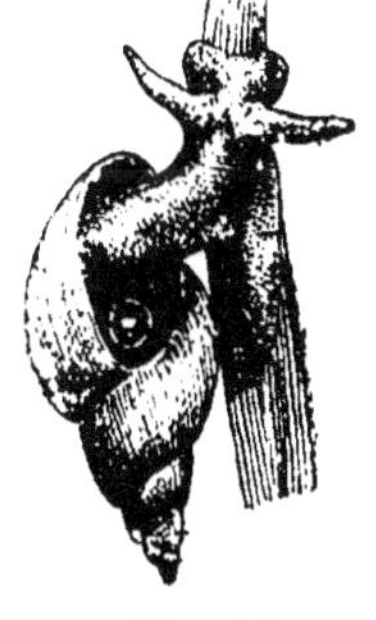

Fig. 9.
Coquille de Limnée
fossile.

Fig. 10.
Limnée vivante.

(Grandeur naturelle.)

ractéristiques est indépendante de leurs caractères zoologiques ou de l'intérêt philosophique qu'ils peuvent présenter. A cet égard il y a une grande différence entre les Invertébrés et les Vertébrés.

Les fossiles invertébrés sont généralement moins curieux que les fossiles vertébrés au point de vue zoologique, mais ils sont bien plus utiles aux géologues, car on les rencontre à profusion tandis que les débris de Vertébrés sont plus rares. Les coquilles d'Ammonites, par exemple, n'ont pas un intérêt exceptionnel pour l'histoire de la vie puisqu'on ne connaît rien des animaux qui y étaient logés; elles sont au contraire d'une valeur capitale pour le stratigraphe, parce qu'elles offrent une grande variété de formes, dont chacune est représentée par des individus répandus à profusion à des niveaux bien déterminés des terrains secondaires et se poursuivant sur de vastes espaces.

Voici au contraire l'*Archéoptéryx*. Aux yeux du naturaliste philosophe, ce fossile est l'un des plus intéressants qu'on connaisse puisqu'il nous révèle une transition entre la classe des Reptiles et celle des Oiseaux (voir p. 82). Cependant il ne saurait être d'aucune utilité pratique pour le géologue à cause de son extrême rareté.

C'est surtout avec les Vertébrés que l'on peut arriver à saisir quelque chose du développement ou de l'évolution des êtres vivants ; c'est avec de modestes coquilles que le stratigraphe classe les terrains et établit leur chronologie relative.

8. *Divisions géologiques.* — De même que l'histoire de l'Humanité se divise en un certain nombre de grandes périodes séparées par des événements considérables et marquées par le développement de telle ou telle civilisation, de même l'histoire de la Terre est divisée en plusieurs grandes *ères* : l'ère *primaire*, l'ère *secondaire*, l'ère *tertiaire*, l'ère *quaternaire*, que caractérise le développement de tels ou tels groupes d'animaux et que séparent des changements survenus dans la distribution des terres et des mers.

Et, de même que les historiens partagent leurs principales divisions en dynasties et celles-ci en règnes, les géologues coupent leurs ères en *périodes* et celles-ci en *époques* (¹).

Avec les progrès de la science, les subdivisions géologiques ont été poussées fort loin ; aujourd'hui on ne compte pas moins de *soixante époques* parfaitement étudiées et correspondant à autant d'*étages* où un certain nombre de fossiles particuliers se trouvent localisés.

Pour caractériser les *ères* géologiques ou les *groupes* de terrains qui les représentent, c'est-à-dire les divisions de pre-

---

(¹) D'après les congrès géologiques internationaux, l'ensemble des terrains formés pendant une *époque* se nomme un *étage* géologique : l'ensemble des étages correspondant à une *période* se nomme un *système* ; l'ensemble des systèmes correspondant à une *ère* se nomme un *groupe*.

Ainsi les expressions *groupe* et *ère*, *système* et *période*, *étage* et *époque* ne sont pas synonymes ; les premières désignent des terrains, les secondes s'appliquent à la durée pendant laquelle ces terrains se sont formés.

mier ordre, on s'est adressé également aux principales divisions zoologiques. Ainsi :

L'ère primaire correspond au grand développement des Crustacés Trilobites.

L'ère secondaire correspond au grand développement des Ammonites parmi les Invertébrés et des Reptiles parmi les Vertébrés.

L'ère tertiaire correspond au grand développement des Mammifères.

Le tableau suivant résume les caractères paléontologiques des divisions géologiques les plus importantes.

ÈRES ET PÉRIODES GÉOLOGIQUES.		PLANTES.	INVERTÉBRÉS.	VERTÉBRÉS.
QUATERNAIRE .	HOLOCÈNE. PLÉISTOCÈNE.	Actuelles.	Actuels.	Règne de l'Homme.
TERTIAIRE. . .	PLIOCÈNE. MIOCÈNE. OLIGOCÈNE. EOCÈNE.	Règne des Angiospermes.	Règne des Acéphales et des Gastropodes. Nummulites.	Règne des Mammifères.
SECONDAIRE . .	CRÉTACÉ. JURASSIQUE. TRIAS.	Règne des Gymnospermes.	Règne des Ammonites et des Bélemnites.	Premiers oiseaux. Règne des Reptiles.
PRIMAIRE . . .	PERMIEN. CARBONIFÈRE. DÉVONIEN. SILURIEN.	Règne des Cryptogames vasculaires.	Règne des Brachiopodes et des Trilobites.	Premiers Reptiles. Règne des Poissons Ganoïdes.
ARCHÉEN . . .		Fossiles inconnus.		

Poursuivant notre comparaison entre l'histoire de la Terre et l'histoire de l'Humanité, nous pouvons dire que l'ère primaire représente *l'antiquité* de la Terre; l'ère secondaire, le *moyen âge*; l'ère tertiaire, les temps *modernes*, et que l'histoire de l'ère quaternaire est de l'histoire *contemporaine*.

Évidemment *l'évolution de la Terre a été continue*; il n'y a pas de séparations brusques dans les divisions géologiques, pas plus que dans les divisions des historiens. Les coupures établies par les uns et les autres ne sont faites que pour venir en aide à notre esprit.

Si l'on se base sur l'épaisseur des terrains qui leur correspondent, on peut affirmer que ces ères ont eu des durées très inégales. L'ère primaire a été beaucoup plus longue que l'ère secondaire; celle-ci a été plus longue que l'ère tertiaire, celle-ci plus longue que l'ère quaternaire.

9. *Paléontologie historique*. — Les philosophes qui ne s'appuient pas sur la Paléontologie ne peuvent nous présenter que des vues de l'esprit sur l'origine et le développement des êtres. Les zoologistes, qui se basent seulement sur l'anatomie comparée et sur l'embryologie des animaux pour découvrir leurs affinités ou leurs parentés, sont dans la position d'un historien qui voudrait écrire l'histoire de l'humanité sans recourir aux archives du passé.

Ce sont les fossiles qui constituent les archives des historiens de la nature. « Grâce aux découvertes des paléontologistes, a dit M. Albert Gaudry, l'histoire naturelle devient de l'histoire dans le sens propre de ce mot; elle retrouve les titres de généalogie d'une multitude d'êtres qui, autrefois, semblaient des enfants perdus. »

Parmi les naturalistes, les uns ont cru ou croient encore à la fixité des formes de vie à travers toute la durée des âges; d'autres rejettent cette idée de la fixité pour admettre l'évolution, la transformation de ces formes. Mais ce n'est pas en considérant, pendant une ou plusieurs vies humaines, les êtres qui nous entourent, que nous pourrons savoir s'ils changent ou s'ils sont immobiles, car la durée de la vie humaine est infinitésimale par rapport aux durées des temps géologiques. Il faut les observer pendant tout le cours des âges de la terre. Pour juger de la fixité ou de la transformation des êtres, ce sont les arguments paléontologiques qui ont le plus de valeur, car ce sont des arguments de faits.

C'est principalement ce côté de la Paléontologie que nous envisagerons dans ce petit livre. Nous parlerons surtout des fossiles qui apportent quelque lumière dans les grandes questions de philosophie naturelle.

10. *La Paléontologie et l'origine de la vie.* — Mais avant de parcourir les archives paléontologiques, nous devons nous poser une question d'importance capitale : La Paléontologie nous apprend-elle quelque chose sur l'origine de la vie?

Les plus anciens fossiles que nous connaissions ont été trouvés à la base des terrains primaires. Or ces fossiles sont déjà trop nombreux, trop variés, leur organisation est trop élevée pour qu'on puisse les considérer comme les restes des premiers êtres ayant vécu à la surface du globe. La plus ancienne faune fossile connue, trouvée en Amérique, à la base du Cambrien, renferme des Éponges, des Polypes, des Échinodermes, des Vers, des Brachiopodes, des Mollusques et des Crustacés, c'est-à-dire des représentants de tous les groupes d'Invertébrés marins susceptibles d'être conservés par la fossilisation.

Mais nous avons appris qu'au-dessous des *terrains primaires,* ainsi désignés parce qu'on y trouve les *premiers* fossiles, il y a les terrains *archéens* [1] formés par des roches *cristallophylliennes* [2], et dont l'origine sédimentaire n'est pas douteuse.

Il n'est pas téméraire d'admettre que l'épaisseur totale de ces terrains archéens est aussi grande que l'épaisseur des terrains fossilifères. Leur formation correspond donc probablement à un laps de temps aussi considérable que celui qui nous sépare de l'aurore de l'ère primaire.

La présence de charbon à l'état de graphite, dans les terrains cristallophylliens, semble indiquer que ces terrains ont renfermé des matières organiques. De plus, on a découvert récemment que, parmi les roches archéennes, les dernières

[1] Du grec *arché*, commencement.
[2] Du mot *cristal* et du grec *phyllon*, feuille, pour rappeler leur double nature cristalline et feuilletée.

formées, tout au moins, renferment des fossiles. On y a trouvé des Protozoaires[1]. On peut donc affirmer que, si lors de la formation des terrains archéens les plus profonds les conditions physiques et chimiques du globe terrestre ne se prêtaient pas encore à l'apparition et au développement de la vie, il n'en fut pas de même plus tard et qu'une grande partie, tout au moins, des terrains cristallophylliens ont renfermé des fossiles.

On peut s'expliquer de deux façons que ceux-ci n'aient pas été conservés. Il est possible que les corps des premiers êtres aient été de consistance molle, privés de squelette ou d'enveloppes protectrices comme la plupart des embryons d'Invertébrés actuels, et n'aient pu, par suite, se prêter à la fossilisation. Il est surtout probable que les transformations subies par les terrains archéens, sous l'influence des roches éruptives incandescentes et des phénomènes mécaniques dus à la contraction générale du globe, ont fait disparaître les traces organiques que ces terrains archéens ont pu renfermer.

En résumé, les terrains primaires ne représentent certainement pas les premiers feuillets du livre de la Création ; nous possédons bien ces premiers feuillets : malheureusement ils sont si noircis, si détériorés que nous ne pouvons plus les déchiffrer, c'est la longue série des terrains archéens. Nous ne connaissons donc pas et nous ne connaîtrons probablement jamais les premiers habitants de la Terre. La Paléontologie est muette sur la question de l'origine de la vie.

[1] L'*Eozoon* (*eos*, aurore, *zôon*, animal), signalé autrefois comme un fossile des terrains archéens, n'est qu'un accident minéralogique.

DEUXIÈME CONFÉRENCE

LES ANIMAUX PRIMAIRES

11. *Caractères généraux de l'ère primaire*. — Le
monde animé, pendant l'ère primaire, était très différent du
monde actuel. Les fossiles appartenaient aux groupes inférieurs du règne animal et du règne végétal. En fait de plantes,
il n'y avait que des Cryptogames et, vers la fin seulement,
quelques Gymnospermes. Pas d'arbres à feuilles caduques, pas
de végétaux à fleurs, qui font aujourd'hui l'ornement de nos
prairies ou de nos bois. Quant aux animaux, ce n'étaient que
des Invertébrés et, vers la fin seulement, des Poissons et des
Quadrupèdes primitifs. Il n'y avait ni Oiseaux, ni Mammifères
pour animer les paysages des premiers continents.

Ainsi applique-t-on souvent l'épithète de *paléozoïques* (¹) à
l'ère et aux terrains primaires

Les animaux fossiles les plus caractéristiques sont les Trilobites. Ces Crustacés abondent à tous les niveaux des terrains
primaires et y sont cantonnés : l'ère primaire est l'ère des
Trilobites.

La *géographie primaire* était très différente de la géographie
actuelle. Ce que nous appelons l'Ancien et le Nouveau Continent n'existait pas. Une partie de l'Amérique du Nord, le
Groenland et le nord de l'océan Atlantique formaient une
vaste terre ferme, un *continent boréal*, que baignaient les
eaux d'une mer s'étendant sur l'emplacement de l'Europe
occidentale actuelle. Au sud de cette immense Méditerranée,
un second continent, qu'on peut appeler *tropical*, se dévelop-

(¹) Du grec *palaios*, ancien, et *zôon*, animal, ère des anciens animaux.

pait sur l'espace occupé aujourd'hui par l'Amérique du Sud, l'Atlantique, l'Afrique et le Sud de l'Asie ([1]).

Les grandes chaînes de montagnes actuelles : les Alpes, les Pyrénées, l'Himalaya, les Andes, n'étaient pas encore soulevées. Mais il y avait, le long du continent boréal dont nous venons de parler, d'autres chaînes qui ont été depuis démolies par les érosions atmosphériques.

Le *climat de l'ère primaire* était uniforme car, dans tous les pays du monde, les terrains primaires renferment les mêmes fossiles. L'existence de récifs de Coraux au sein des mers qui couvraient alors l'Europe et la présence de Fougères arborescentes dans les dépôts primaires du Spitzberg nous apprennent, en outre, que ce climat était très chaud. La structure des arbres de l'époque houillère ne présente pas ces zones concentriques qui marquent de grandes différences dans les saisons annuelles : les contrastes entre l'été et l'hiver étaient donc sinon nuls, au moins très atténués.

Malgré cela, il est probable que les grandes chaînes de montagnes des temps primaires ont eu des sommets neigeux, peut-être même des glaciers.

Fig. 11. — Morceau de calcaire à Fusulines (grandeur naturelle).

12. *Protozoaires et Zoophytes.* — Les terrains primaires les plus anciens renferment des tests de *Foraminifères* et de *Radiolaires*. On en a même signalé dans les terrains archéens. Et cela ne saurait étonner, puisque ces petits êtres, réduits à un grumeau de protoplasma, sont parmi les animaux les plus inférieurs qu'on puisse imaginer.

([1]) Voyez les cartes paléogéographiques des *Conférences de Géologie*, pl. I et II.

Parmi les Foraminifères primaires, beaucoup appartenaient à des genres qui vivent encore. D'autres, comme les Fusulines (fig. 11), sont des formes relativement géantes, de la grosseur d'un grain de blé; elles forment, par leur accumulation, de véritables couches dans le calcaire carbonifère.

Les *Cœlentérés* ou *Zoophytes* étaient très nombreux. Il faut citer, en première ligne, les *Graptolites* (¹) (fig. 12 à 15),

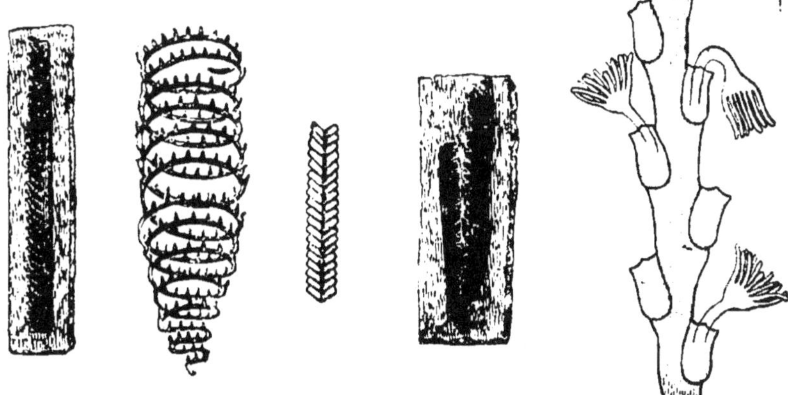

Fig. 12 et 13.   Fig. 14.   Fig. 15.   Fig. 16. — Branche
Monograptus.   *Diplograptus. Didymograptus.*   de Sertulaire grossie.
Fig. 12 à 15. — Diverses formes de Graptolites   Trois loges sont gar-
(grandeur naturelle).   nies de leurs polypes.

empreintes délicates, de quelques centimètres à peine, se composant d'une tige, ou axe, sur lequel se greffent de petites loges qui renfermaient chacune un polype. Parmi les êtres actuels, ce sont les Polypes appelés Sertulaires (fig. 16), qui leur ressemblent le plus. Les Graptolites sont très abondants à la surface des schistes des terrains siluriens et ils sont cantonnés dans ces terrains. Ils offrent des formes nombreuses correspondant à des niveaux spéciaux, toujours les mêmes. Ce sont donc des fossiles précieux pour le géologue.

Les Méduses sont d'une très grande antiquité. Dans le Cambrien d'Europe, comme dans celui d'Amérique, on recueille

---

(¹) Du grec *graptos*, écrit, et *lithos*, pierre, parce qu'on a comparé ces petites empreintes à des caractères d'écriture.

des corps ou des empreintes étoilés (fig. 17) qu'on regarde comme des vestiges de ces animaux.

Les *Coraux*, ou *Polypiers* (fig. 18), étaient également très répandus dans les mers primaires. Ils ne ressemblaient pas tout à fait aux Coraux d'aujourd'hui, mais leurs squelettes calcaires, en s'accumulant sur les hauts fonds ou au bord des continents, y formaient des récifs analogues à ceux des mers équatoriales actuelles.

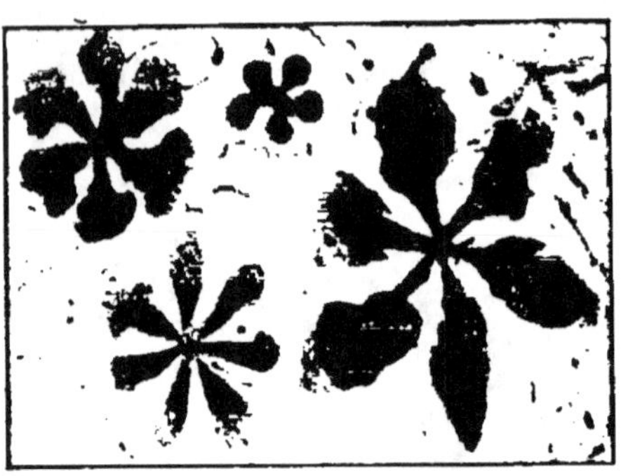

Fig. 17. — Empreintes de Méduses cambriennes (1/6ᵉ de la grandeur naturelle).

Deux Coraux, de forme toute particulière, le *Pleurodictyum problematicum* (fig. 19) et la *Calceola* (¹) *sandalina* (fig. 20), ainsi nommée à cause de sa ressemblance

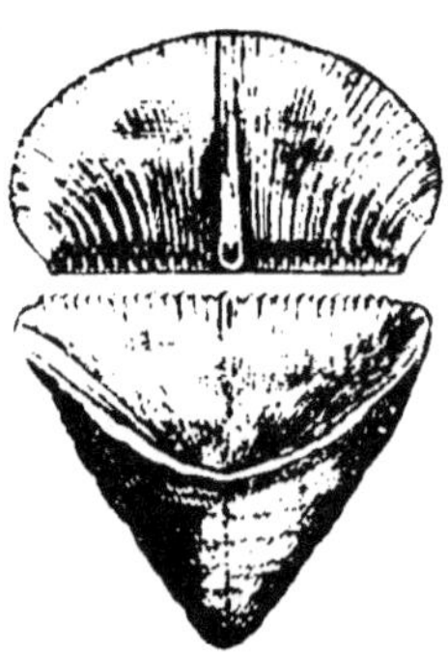

Fig. 18. — *Lithostro-tion basalliforme*, polypier du calcaire carbonifère (grandeur naturelle).

Fig. 19. — *Pleurodictyum problematicum*, polypier du terrain dévonien (1/2 de la grandeur naturelle).

Fig. 20. — *Calceola san-dalina*, autre polypier du terrain dévonien muni de son opercule (grandeur naturelle).

avec une babouche ou une sandale, sont caractéristiques du terrain dévonien.

(¹) Du latin *calceus*, soulier.

15. *Échinodermes*. — Les Échinodermes offrent une organisation plus élevée que les Cœlentérés, car ils ont un tube digestif distinct de la cavité générale du corps. Ils sont représentés de nos jours par les Encrines ou Lis de mer, les Astéries ou Étoiles de mer, les Oursins, etc.

Pendant l'ère primaire, il y avait de véritables Étoiles de mer, des Oursins un peu différents de ceux de notre époque et surtout beaucoup de Crinoïdes ([1]) aussi élégants que variés (fig. 21), qui différaient des Lis de mer actuels parce que le test renfermant les organes mous formait une boîte mieux close.

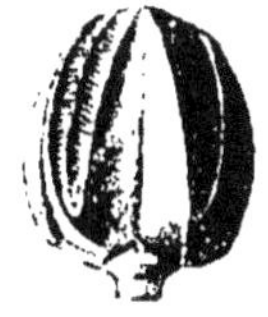

Fig. 21. — *Gilbertsocrinus,* Crinoïde primaire (1/4 de la grandeur naturelle).

Fig. 22. — *Echinosphærites,* Cystidé (grandeur naturelle).

Fig. 25. — *Pentremites,* Blastoïdé (grandeur naturelle).

Deux groupes d'Échinodermes sont particuliers à l'ère primaire, les *Cystidés* ([2]) et les *Blastoïdés* ([5]). Les premiers, particulièrement abondants dans le Silurien, réalisent la forme d'Échinoderme la plus simple qu'on puisse imaginer ; ce sont de petites boîtes composées d'une mosaïque de pièces calcaires, polygonales, ordinairement portées sur une tige et percées de plusieurs orifices, dont un pour la bouche et un autre pour l'anus (fig. 22). Les uns accusent des tendances vers le type Oursin ; d'autres, vers le type Étoile de mer ; d'autres, vers

([1]) Du grec *krinon*, lis, et *eidos*, apparence.
([2]) Du grec *kustis, kustidos*, vessie, sac.
([5]) Du grec *blastos*, bourgeon, *eidos*, apparence.

le type Crinoïde Les Blastoïdés, qui abondent et s'éteignent dans le Carbonifère, avaient la forme d'un bouton de fleur d'oranger (fig. 23).

14. *Brachiopodes*. — Les Brachiopodes, animaux des grandes profondeurs marines, sont enfermés dans une coquille calcaire composée de deux *valves*, qui s'ouvrent ou se ferment, comme une boîte, au moyen d'une charnière (fig. 24). Les Mollusques lamellibranches, tels que les Huîtres, les Peignes, ont aussi deux valves, mais celles-ci sont disposées à

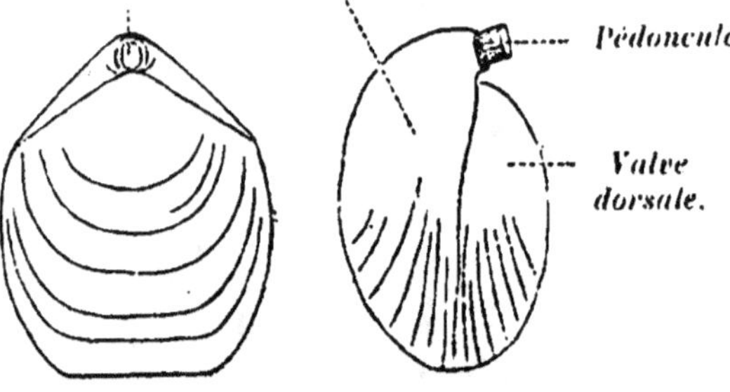

Fig. 24. — Coquille de Brachiopode (Térébratule) vue de face et de profil (grandeur naturelle).

Fig. 25. — Brachiopode (Rhynchonelle) montrant les bras spiraux dont l'un est déroulé (grandeur naturelle).

droite et à *gauche* de l'animal, tandis que, chez les Brachiopodes, les valves, sont supérieure et inférieure, c'est-à-dire *dorsale* et *ventrale*. Le sommet de la valve ventrale est percé d'un trou pour le passage d'un *pédoncule* servant à fixer l'animal. Quand on entr'ouvre les valves, on aperçoit deux sortes de rubans enroulés, munis de cils, destinés à la préhension des aliments et à la respiration (fig. 25). Ces sortes de bras ont été comparés au *pied* des mollusques: de là le nom de Brachiopodes.

Les Brachiopodes ont eu leur règne pendant l'ère paléozoïque. On a retiré des terrains primaires plus de 4000 espèces, tandis qu'on en compte à peine 150 aujourd'hui.

Les couches les plus inférieures des terrains primaires renferment des *Lingules* (¹), tout à fait semblables aux Lingules des mers actuelles (fig. 26 à 28) ; c'est un premier exemple de longévité extraordinaire de certains types qui ont traversé les temps géologiques presque sans modification, alors que tout changeait autour d'eux.

Plus tard, vers le milieu des temps primaires, les Brachiopodes les plus abondants sont les *Spirifers*. La forme générale de leur coquille, ornée de côtes ou de plis, rappelle un peu celle d'un chapeau de gendarme (fig. 29). Leur nom vient de ce que leurs bras étaient supportés par deux lames calcaires disposées en spirales qu'on peut observer si l'on brise délicatement une des valves (fig. 30).

Vers la fin des temps primaires, ce sont les *Pro-*

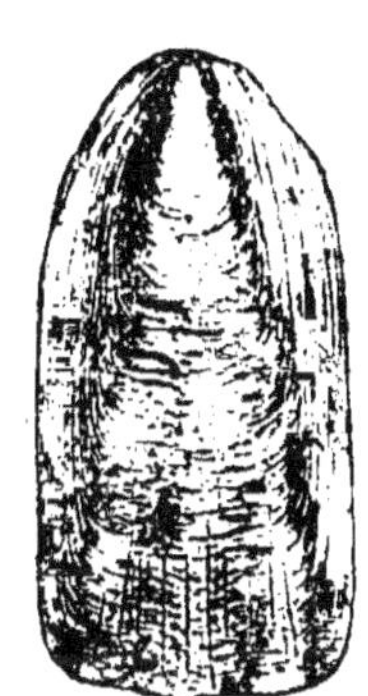

Fig. 27.

Fig. 28.

Fig. 26. — Coquille de Lingule vivant actuellement dans les mers de Chine.

Fig. 27 et 28. — Lingules des terrains primaires.

(Grandeur naturelle.)

Fig. 29. — Coquille de Spirifer (grandeur naturelle).

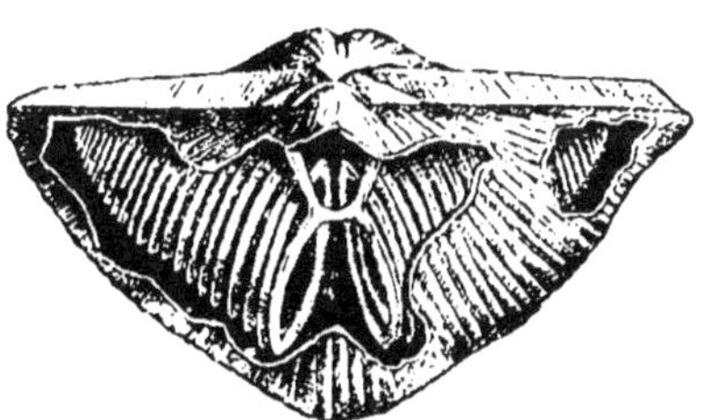

Fig. 30. — Coquille de Spirifer dont une partie a été brisée pour montrer les spires de l'appareil brachial.
(Grandeur naturelle.)

Fig. 31. — Coquille de *Productus*, du calcaire carbonifère (1/2 de la grandeur naturelle).

ductus qui dominent. Ils n'avaient pas de supports pour leurs

(¹) Du latin *lingua*, langue, à cause de la forme de ces coquilles.

bras. Leur nom vient de ce que leur coquille était souvent ornée de *productions* épineuses (fig. 51).

15. Mollusques. — Tous les groupes actuels de Mollusques ont été représentés dans les mers primaires ; mais, tandis que les Lamellibranches et les Gastéropodes ne jouaient encore qu'un rôle effacé, les Céphalopodes, qui sont les plus perfectionnés des Mollusques, étaient déjà très nombreux.

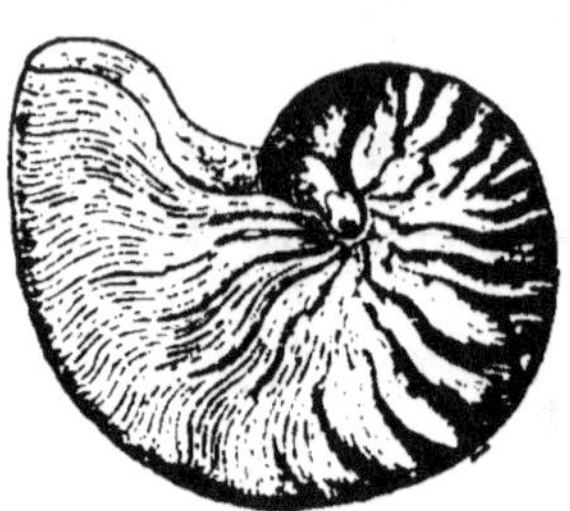

Fig. 32. — Coquille de Nautile actuel (1/5ᵉ environ de la grandeur naturelle).

Les Céphalopodes actuels se divisent en deux groupes. Le premier ne comprend que le Nautile, qui respire par quatre branchies ; c'est le groupe des *Tétrabranches*. Le second est représenté par les Pieuvres, les Calmars, qui n'ont que deux branchies (*Dibranches*). S'ils ont existé, ce qui est douteux, les Dibranches n'ont pas été nombreux dès l'ère primaire.

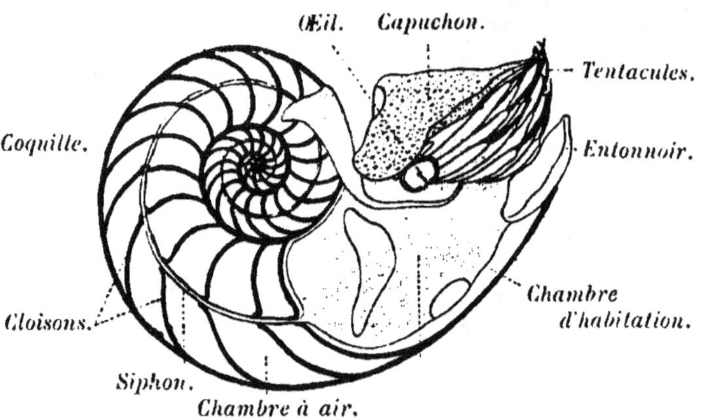

Fig. 33. — Organisation du Nautile actuel.
Le dessinateur a supposé que la coquille est coupée par le milieu.

Au contraire, les Tétrabranches ont présenté une grande richesse de formes et d'individus.

Il y avait d'abord le genre *Nautile,* qui offrait tous les

caractères essentiels des Nautiles vivant actuellement dans les mers chaudes du Pacifique (fig. 52 et 53).

La coquille du Nautile est formée d'une série de compartiments séparés par des cloisons et reliés entre eux par un tube

Fig. 54.
Nautile.

Fig. 55.
Gyrocère.

Fig. 56.
Cyrtocère.

Fig. 57.
Orthocère.

ou *siphon* qui contient un prolongement du corps de l'animal. Le compartiment situé en avant, c'est-à-dire s'ouvrant à l'extérieur, est plus grand que les autres : c'est la *chambre d'habitation*, où est logé le corps du mollusque. Au fur et à mesure que l'animal se développe, il agrandit sa coquille et sécrète de nouvelles cloisons.

Tandis que le genre Nautile ne comprend aujourd'hui que quatre espèces, il en comprenait plus de 100 pendant l'ère primaire. C'est un nouvel exemple de la persistance d'un type depuis les temps les plus reculés jusqu'à nos jours.

A côté des vrais Nautiles, dont la coquille est complètement enroulée (fig. 54), il y avait des coquilles dont les tours se déroulaient comme les *Gyrocères* (¹) (fig. 55); d'autres qui, se déroulant davantage,

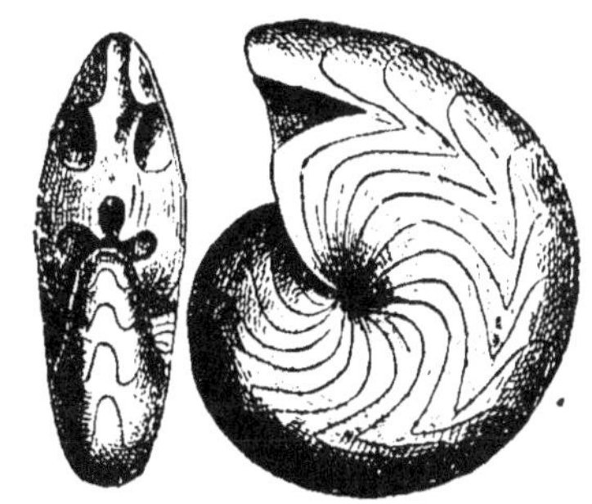

Fig. 58. — Goniatite du calcaire carbonifère; coquille dessinée de profil et de face. On voit la forme anguleuse des cloisons (grandeur naturelle).

(¹) Du grec *guros*, circulaire, et *keras*, corne, parce que ce fossile a l'aspect d'une corne enroulée.

prenaient la forme d'un arc, les *Cyrtocères* (¹) (fig. 56);
d'autres enfin, les *Orthocères* (²) (fig. 57), qui, s'étant déroulées complètement, étaient droites et pouvaient atteindre près
de 5 mètres de longueur.

Les diverses formes de Nautilidés étaient représentées par

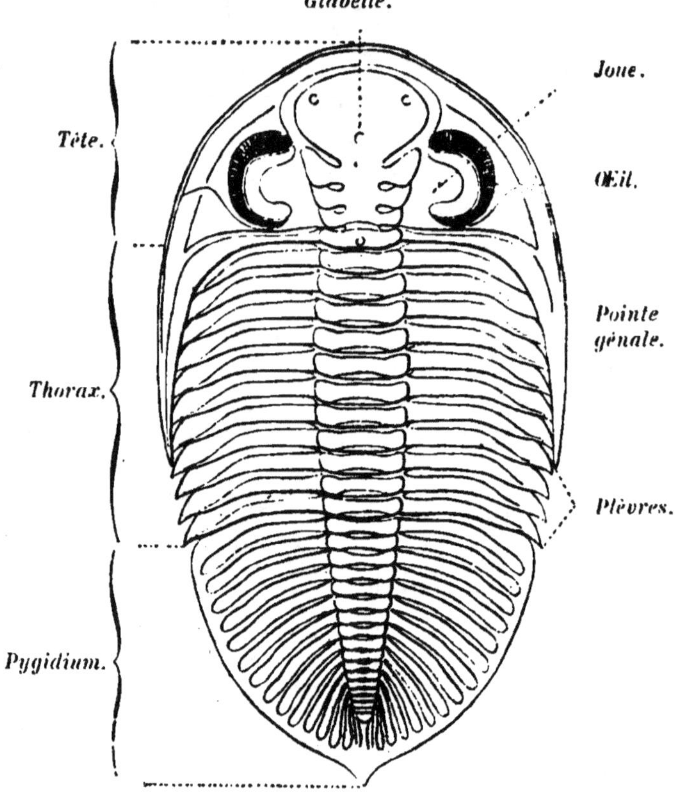

Fig. 39. — Organisation d'un Trilobite (*Dalmanites*).

des milliers d'espèces. L'ère primaire a été le règne des Céphalopodes tétrabranches.

Vers la fin des temps primaires, on observe d'autres coquilles
de Céphalopodes, qui n'avaient peut-être que deux branchies

(¹) Du grec *kurtos*, courbe, et *keras*, corne.
(²) Du grec *orthos*, droit, et *keras*, corne.

et où les lignes d'insertion des cloisons, au lieu d'être droites ou simplement sinueuses, comme dans les Nautilidés, sont anguleuses (fig. 58). On les appelle pour cette raison des *Goniatites* (¹) : ces fossiles préparent l'arrivée du groupe des Ammonites qui sera si important dans l'ère secondaire.

16. *Articulés marins. Trilobites.*
— Les Articulés les plus caractéristiques des mers primaires sont les *Trilobites* (fig. 45-48).

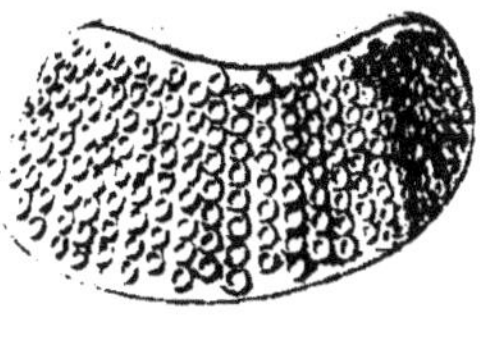

Fig. 40. — Œil de Trilobite (*Dalmanites*) grossi 4 fois.

Ils sont ainsi nommés parce que leur corps, composé de trois parties : *tête, thorax* et *abdomen,* ou *pygidium* (²), est divisé longitudinalement en trois lobes (fig. 59).

La tête d'un Trilobite comprend un lobe central, la *glabelle* et deux lobes latéraux, les *joues*, sur lesquelles sont les yeux. Quelques Trilobites sont dépourvus d'organes de vision. Chez la plupart ces organes sont très développés et parfois portés sur un pédoncule. Les yeux sont simples ou composés (fig. 40) ; on a compté jusqu'à 12 000 ocelles sur un œil de Trilobite.

Les joues peuvent se continuer par des expansions aiguës dites *pointes génales*. Le thorax est composé, dans le lobe central ou axe du Trilobite, d'une série d'*anneaux* qui se prolongent dans les lobes latéraux tantôt par des *plèvres* à surface plane, tantôt

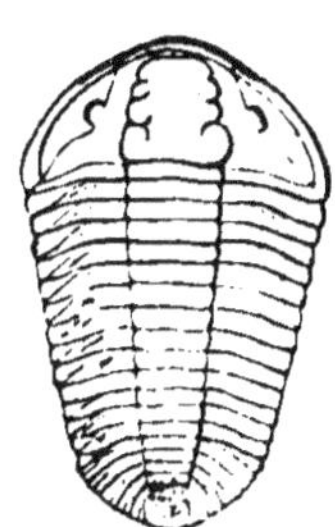

Fig. 41.   Fig. 42.

Fig. 41 et 42. — Trilobite du genre *Calymène* (terrain silurien). A gauche, animal déroulé ; à droite, le même enroulé (1/2 environ de la grandeur naturelle).

par des *plèvres* ornées de sillons ou de bourrelets. Le *pygidium*, de grandeur différente suivant les genres, est composé d'anneaux plus ou moins soudés entre eux.

(¹) Du grec *gonia*, angle.
(²) Du grec *pugidion*, diminutif de *pugé*, derrière.

Cette disposition du corps, formé d'anneaux articulés et

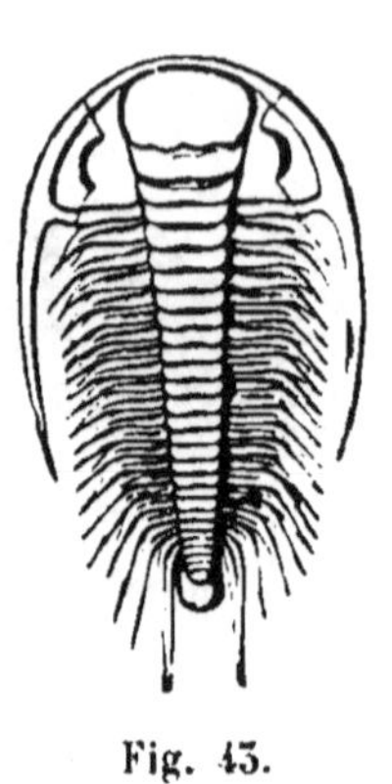

Fig. 43.
Paradoxydes.

Fig. 44.
Agnostus.

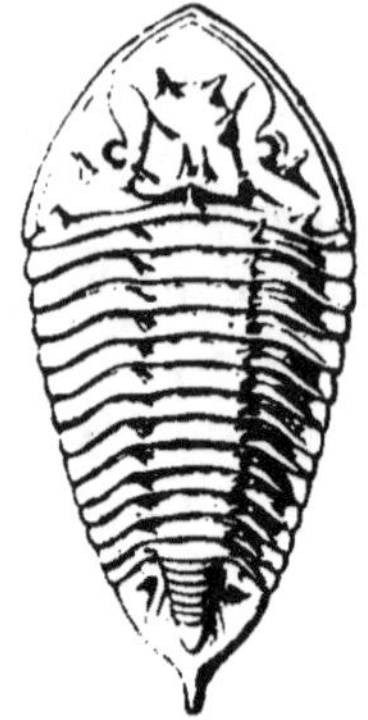

Fig. 45.
Homalonotus.

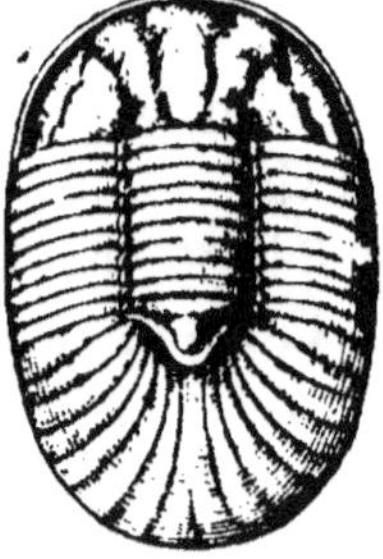

Fig. 46.
Bronteus.

Fig. 47.
Trinucleus.

Fig. 48.
Homalonotus.

Fig. 43 à 48. — Diverses formes de Trilobites.
(Grandeurs légèrement réduites.)

pouvant jouer les uns sur les autres, permettait à plusieurs

Trilobites de se rouler en boules comme les Cloportes. Ils se trouvent souvent fossilisés dans cet état (fig. 41 et 42).

On est resté très longtemps sans connaître la face ventrale et les appendices des Trilobites. Dans ces dernières années des fossiles exceptionnellement bien conservés ont permis de compléter la morphologie de ces animaux (fig. 49).

La bouche était située à la face inférieure de la tête entre

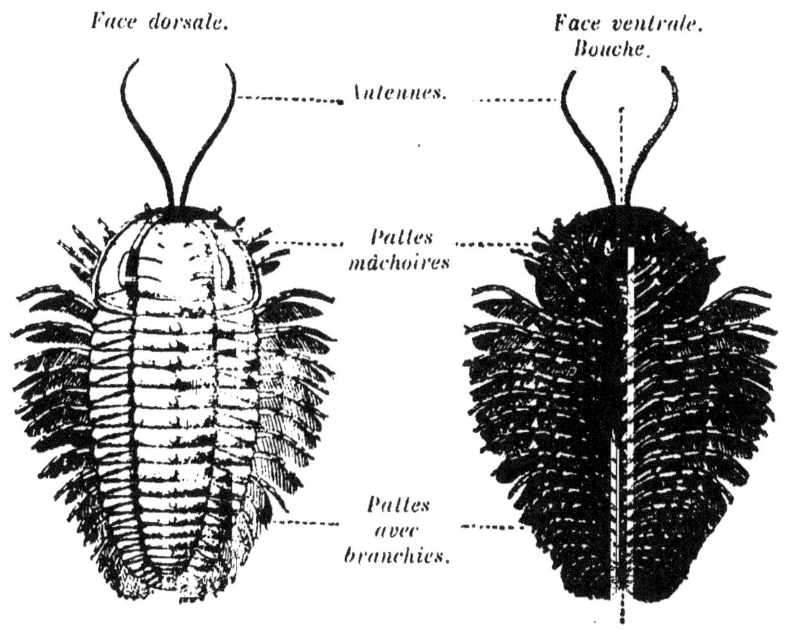

Fig. 49. — Reconstitution d'un Trilobite (*Triarthrus*).

deux lèvres. L'anus s'ouvrait près de l'extrémité du pygidium. La tête était munie d'une paire d'antennes et de quatre paires d'appendices, dont les pièces basilaires fonctionnaient comme mâchoires. Chaque anneau du thorax et du pygidium portait une paire de pattes. Les derniers appendices thoraciques et ceux du pygidium avaient leurs articles disposés en lames foliacées pour la natation et la respiration, comme cela se voit chez les *Apus* qui vivent dans nos eaux douces.

On trouve assez souvent des œufs et des embryons de Trilobites, de sorte qu'on peut suivre leur développement avec

presque autant de facilité que s'il s'agissait d'animaux vivants.
Un paléontologiste français, Barrande, a montré que les Trilobites s'accroissaient par métamorphoses ou mues successives
comme les Crustacés actuels; il a vu ces métamorphoses sur
26 espèces et 14 genres différents. Il y a, dans la galerie de
Paléontologie du Muséum, un cadre qui montre 20 états différents d'un Trilobite. Les premières formes larvaires sont de
petits corps ovoïdes comprenant la tête, composée de 5 anneaux, et un pygidium très réduit. Les divers anneaux du

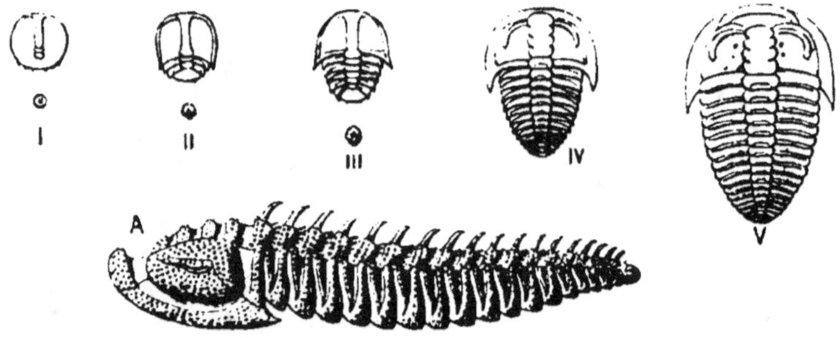

Fig. 50. — Un Trilobite (*Sao*) à divers états de son développement. Les des-
sins I, II, III représentent : en bas les embryons en grandeur naturelle,
en haut ces mêmes embryons grossis. A, *Sao* adulte, vu de côté.

thorax apparaissaient et s'intercalaient successivement à chaque
nouvelle mue (fig. 50).

On s'est demandé si les Trilobites devaient rentrer dans une
des classes des Crustacés actuels. Les Phyllopodes ont une tête
analogue et des pattes membraneuses foliacées, mais leur
corps n'est jamais trilobé. La Limule, ou Crabe des Moluques,
qui vit dans certaines mers chaudes, a aussi quelques analogies avec les Trilobites : le corps est trilobé, les yeux offrent
même situation et même structure; à un certain moment les
embryons de Limules ressemblent à des Trilobites; mais les
membres sont très différents. Le mieux est de considérer les
Trilobites comme un groupe particulier de Crustacés.

Ils étaient déjà très nombreux et très différenciés dans le
Cambrien, ce qui implique une origine bien plus lointaine. Le
maximum de leur développement correspond au Silurien; au

Dévonien, ils commencent à diminuer; dans le Carbonifère, ils sont très rares; une seule espèce arrive dans le Permien.

Chaque division des terrains primaires a des formes spéciales de Trilobites répandues sur de vastes étendues de la surface terrestre. Comme on peut les recueillir en abondance, ils sont extrêmement précieux pour le géologue.

17. *Crustacés gigantesques*. — Les temps primaires ont également vu le règne d'un groupe de Crustacés remar-

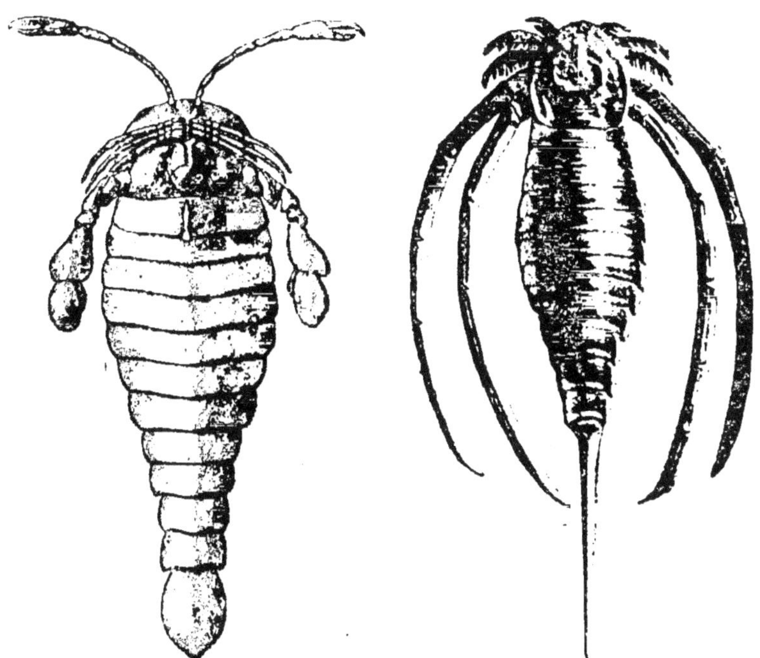

Fig. 51. — Restauration du *Pterygotus* vu par sa face ventrale (1/20ᵉ de la grandeur naturelle).

Fig. 52. — Restauration du *Stylonurus* vu par sa face dorsale (1/20ᵉ de la grandeur naturelle).

quables par leurs grandes dimensions et dont la Limule actuelle peut être considérée comme un descendant.

Tel le *Pterygotus* (¹), qu'on trouve dans certains grès de l'Écosse et qui pouvait atteindre 2 mètres de longueur; les

(¹) Du grec *pterys, pterygos*, aile, et *ous, otós*, oreille.

carriers de ce pays le désignent sous le nom de *séraphin* à cause de ses nageoires qu'ils comparent à des ailes d'ange (fig. 51); ses antennes étaient disposées en énormes pinces analogues à celles des Homards actuels.

Des formes voisines, l'*Eurypterus* (¹), le *Stylonurus* (²) avaient un aiguillon caudal (fig. 52). D'abord exclusivement marins, ces animaux ont dû s'adapter peu à peu aux conditions de vie dans les eaux saumâtres et douces, car, dans le Carbonifère, on les trouve avec des plantes et des animaux à respiration aérienne.

18. ***Articulés terrestres.*** — Il y avait beaucoup d'autres Articulés sur les continents primaires : des Cloportes gigantesques, des Myriapodes ou Millepattes, des Araignées, des Scorpions et des Insectes.

Les *Myriapodes* découverts dans les couches houillères ressemblent aux Myriapodes actuels (fig. 53). Il en est de

Fig. 53. — Empreinte de Myriapode trouvée dans un terrain houiller d'Écosse (3/4 de la grandeur naturelle).

même des *Scorpions* et des *Araignées*; le fait est important, car il s'agit d'animaux invertébrés dont l'organisation est très élevée. Le Scorpion trouvé dans le Silurien de Gotland ne diffère par aucun caractère essentiel des Scorpions actuels (fig. 54).

Les Araignées présentaient pourtant un caractère plus primitif; les divers anneaux qui composent leur abdomen sont

(¹) Du grec *eurus*, large, et *pteron*, aile, rame.
(²) Du grec *stulos*, stylet, et *oura*, queue.

visibles, tandis que cette segmentation n'est pas apparente chez les Araignées actuelles (fig. 55).

Les *Insectes* étaient nombreux dans les forêts carbonifères (¹). Les mines de houille de Commentry ont fourni des milliers d'empreintes.

On peut diviser les Insectes actuels en deux groupes :

1° Ceux qui n'ont pas de métamorphoses ou qui n'ont que des métamorphoses incomplètes : les *Hémiptères* (Cigale...),

Fig. 54. — Scorpion fossile sur un morceau de schiste silurien de l'île de Gotland, Suède (grandeur naturelle).

les *Névroptères* (Libellules, Éphémères...), les *Orthoptères* (Blattes, Sauterelles, Grillons...).

2° Ceux qui ont des métamorphoses plus compliquées, les *Diptères* (Mouches...), les *Lépidoptères* (Papillons), les *Hyménoptères* (Abeilles, Fourmis...). Ce deuxième groupe a une organisation plus élevée que le premier. Entre les deux se place l'innombrable série des *Coléoptères*.

(¹) Les Insectes les plus anciens qu'on connaisse avec certitude proviennent de la partie supérieure du Dévonien. Une empreinte trouvée dans le Silurien du Calvados, et d'abord considérée comme une aile d'Insecte, a été reconnue depuis pour une pointe génale de Trilobite.

Pendant l'ère paléozoïque, il n'y avait que des Insectes du premier groupe.

On a trouvé à Commentry de très nombreuses empreintes de Blattes (fig. 56). On peut les considérer comme les ancêtres des espèces actuelles, dont la plupart vivent dans les régions les plus chaudes du globe (fig. 57). Il y avait aussi des sortes de Sauterelles et de Criquets. Ces Orthoptères avaient des caractères un peu plus primitifs que leurs représentants actuels.

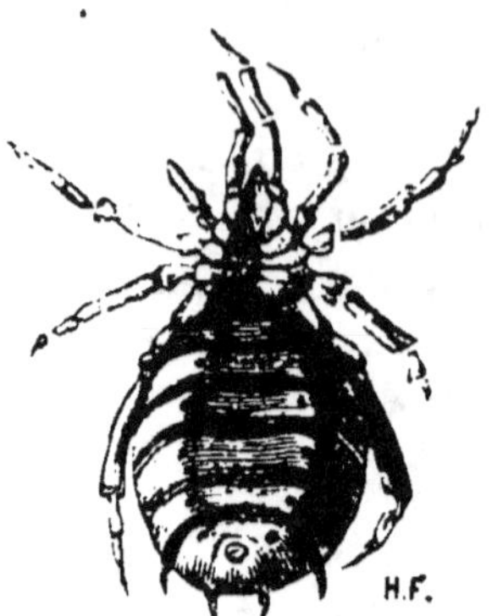

Fig. 55. — Araignée fossile du terrain houiller d'Angleterre (grandeur naturelle).

Les Névroptères primaires atteignaient parfois des dimensions vraiment gigantesques; une Libellule de Commentry n'avait pas moins de 0ᵐ,70 d'envergure (fig. 58). Ils offraient également quelques traits d'infériorité par rapport aux Névroptères actuels. Chez tous la séparation des trois an-

Fig. 56. — Blatte du terrain houiller de Commentry (1/2 de la grandeur naturelle).

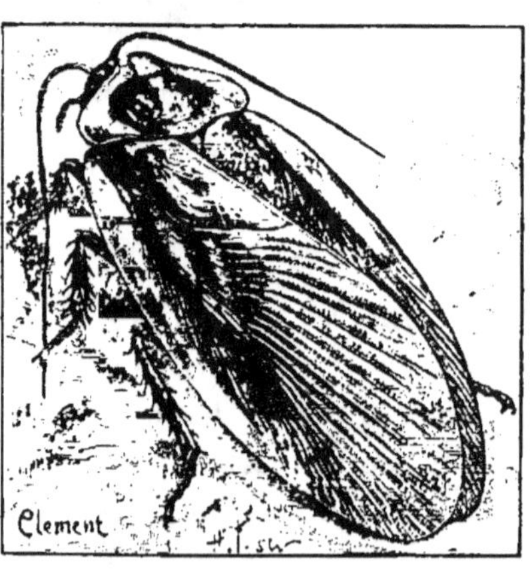

Fig. 57. — Blatte actuelle (2/3 de la grandeur naturelle).

neaux thoraciques était des plus nettes, tandis que le thorax forme un tout continu chez les espèces vivant de nos jours.

Certains Éphémères avaient, outre les deux paires d'ailes nor-

Fig. 58. — Restauration d'une Libellule du terrain houiller de Commentry.
À droite et au bas de la figure, grande Libellule actuelle.

Fig. 59. — Névroptère du terrain houiller de Commentry.
1, première paire d'ailes rudimentaires (1/2 de la grandeur naturelle).

males, une première paire d'ailes rudimentaires (fig. 59), ce qui

tend à confirmer l'hypothèse des naturalistes qui pensent que
les premiers Insectes ont dû avoir trois paires d'ailes, comme
ils ont trois paires de pattes, une à chaque segment thoracique. D'autres gardaient, à l'état adulte, les branchies trachéeennes qu'on ne voit aujourd'hui que sur les larves (fig. 60).

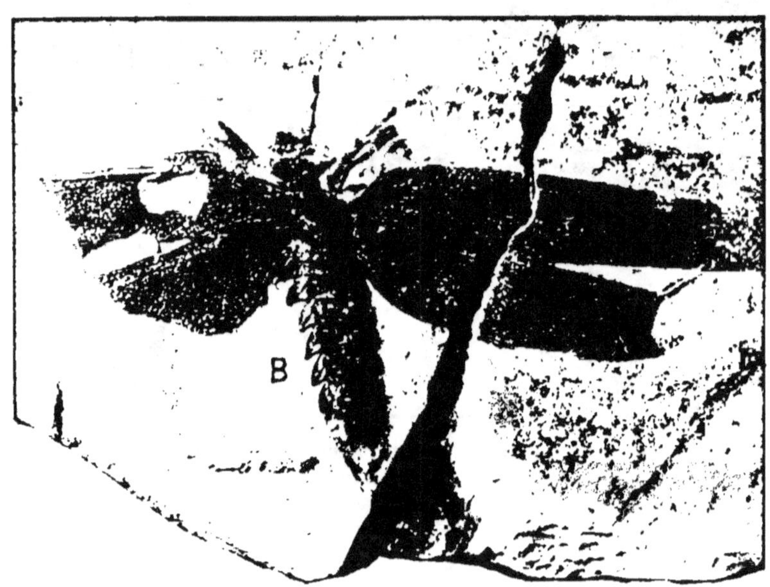

Fig. 60. — Éphémère du terrain houiller de Commentry.
B, branchies trachéennes (2/3 de la grandeur naturelle).

Ces Insectes nous apprennent que la température houillère
était très élevée, que l'atmosphère était chargée d'humidité.
La lumière devait être assez vive, car leurs ailes paraissent
avoir été brillamment colorées.

19. *Premiers Vertébrés. Poissons.* — Les Vertébrés
comprennent : les Poissons, les Batraciens ou Amphibiens,
les Reptiles, les Oiseaux et les Mammifères. Pendant l'ère
primaire il n'y a eu que des Poissons, des Amphibiens et
quelques Reptiles.

Les Poissons, qui sont les Vertébrés les plus inférieurs,
apparaissent les premiers, à la fin du Silurien, c'est-à-dire

vers le milieu des temps primaires. Ils différaient d'ailleurs beaucoup des Poissons actuels. Leur colonne vertébrale n'était

Fig. 61. — Restauration de divers Poissons cuirassés de l'ère primaire.
1, *Pteraspis*; 2. *Cephalaspis*; 3, *Pterichthys*; 4, *Coccosteus*.

pas encore complètement ossifiée, caractère évident d'infériorité. Par contre, leur corps était revêtu de plaques osseuses, très résistantes, d'une véritable armure, qui a valu à ces

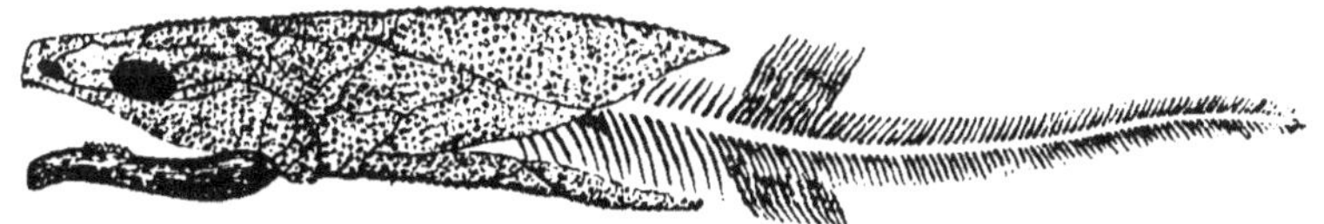

Fig. 62. — *Coccosteus*. poisson cuirassé de l'ère primaire
(1/3 environ de la grandeur naturelle).

Vertébrés primitifs le nom de Poissons cuirassés, ou de *Placodermes* (1).

Voici (fig. 61), reconstituées au moyen de documents très

(1) Du grec *plax*, génitif *placos*, plaque, *derma*, peau.

précis, quelques-unes de ces créatures : *Pteraspis* (¹), dont le corps était allongé ; *Cephalaspis* (²), qui avait un bouclier céphalique semi-circulaire ; *Pterichthys* (³), aux nageoires articulées comme les pattes d'un Crustacé. *Coccosteus* (⁴) avait une cuirasse finement chagrinée : la partie postérieure de son corps, qui était à nu, montre l'absence de corps de vertèbres ossifiés (fig. 62).

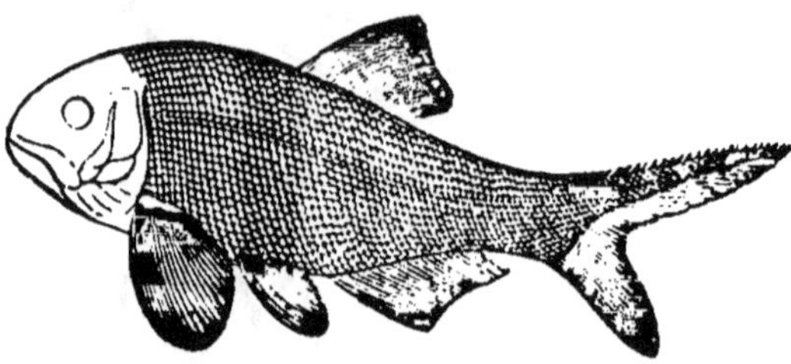

Fig. 63. — Poisson ganoïde (*Amblypterus*) de l'ère primaire. Les écailles, fortes et épaisses, se sont bien conservées, de sorte qu'on ne voit pas le squelette interne ; la queue est hétérocerque (1/2 environ de la grandeur naturelle).

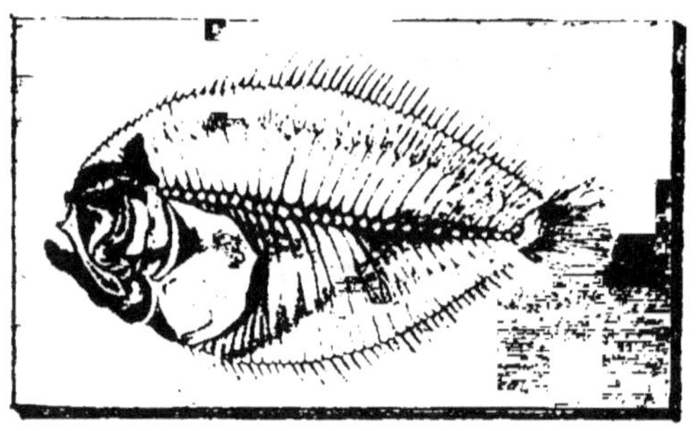

Fig. 64. — Poisson de l'ère tertiaire (Turbot). Les écailles, molles, ne se sont pas conservées ; le squelette interne est, au contraire, parfaitement ossifié ; la queue est homocerque (grandeur naturelle).

La vie de ces êtres si curieux a été des plus éphémères : non seulement ils n'ont plus de représentants dans la nature actuelle, mais encore ils disparaissent avant la fin du Primaire.

A côté d'eux vivaient des Poissons moins différents des Poissons actuels (fig. 63). Mais, tandis que ces derniers ont, avec des écailles minces, fragiles, rarement conservées à l'état fossile, une colonne vertébrale robuste, parfai-

______

(¹) Du grec *pteron*, aile, et *aspis*, bouclier.

(²) Du grec *képhalé*, tête, et *aspis*, bouclier.

(³) Du grec *pteron*, aile, *ichthus*, poisson, à cause de la forme de ses nageoires.

(⁴) Du grec *coccos*, grain, *osteon*, os, à cause des granulations de la surface des os.

tement ossifiée (fig. 64), ceux des premières époques géologiques avaient une colonne vertébrale molle, non ossifiée et des écailles fortes, osseuses, généralement de forme losangique et à surface brillante. On leur a donné, pour cette raison, le nom de *Poissons ganoïdes* ([1]).

Ainsi d'un Poisson fossile de l'ère primaire, on ne voit généralement que les écailles et pas de vertèbres et, d'un Poisson tertiaire ou récent, on n'aperçoit que le squelette interne et pas les écailles. En outre, tandis que, chez les Poissons actuels, la queue se termine au point de bifurcation des nageoires (disposition *homocerque*), chez les Poissons primaires, la queue se continuait dans le lobe supérieur (disposition *hétérocerque*).

Dans la nature actuelle, ce sont les Poissons à colonne vertébrale bien ossifiée, les *Poissons osseux*, qui dominent; il n'y a plus que de rares Poissons ganoïdes, comme l'Esturgeon. Pendant l'ère primaire, il n'y avait pas de Poissons osseux, mais les Poissons ganoïdes étaient extrêmement nombreux.

Enfin, certains restes fossiles prouvent que le groupe des Sélaciens (Requins, Raies) était déjà bien représenté.

20. *Les premiers Quadrupèdes. Batraciens et Reptiles.*

Il est parfois difficile de savoir si un squelette, plus ou moins bien conservé, se rapporte à un Batracien ou à un Reptile. On peut cependant affirmer que la plupart des Quadrupèdes primaires ont été des Batraciens.

On a rencontré leurs dépouilles dans les terrains primaires les plus supérieurs (Carbonifère et surtout Permien) de la France, de l'Allemagne, de la Russie, de l'Inde et de l'Amérique. Dans toutes ces contrées, échelonnées sur près de 4000 lieues, ils offrent le même état d'évolution et présentent de curieux caractères d'infériorité.

En France, on a trouvé plusieurs de ces animaux au milieu des schistes qu'on exploite aux environs d'Autun, pour en extraire de l'huile à brûler,

([1]) Du grec *ganos*, éclat.

Il faut d'abord citer les *Protritons* ([1]), qui, respiraient par des branchies et dont la colonne vertébrale ne présentait qu'un commencement d'ossification (fig. 65). Ces êtres, de très petites dimensions, représentent probablement les larves ou têtards de Batraciens plus volumineux.

Parmi ces derniers, l'*Actinodon* ([2]), également du Permien d'Autun, est un des mieux connus. Son corps, de forme trapue et plate, avait une longueur moyenne de 0^m,80 (fig. 66); sa tête triangulaire, composée d'os sculptés, fortement soudés

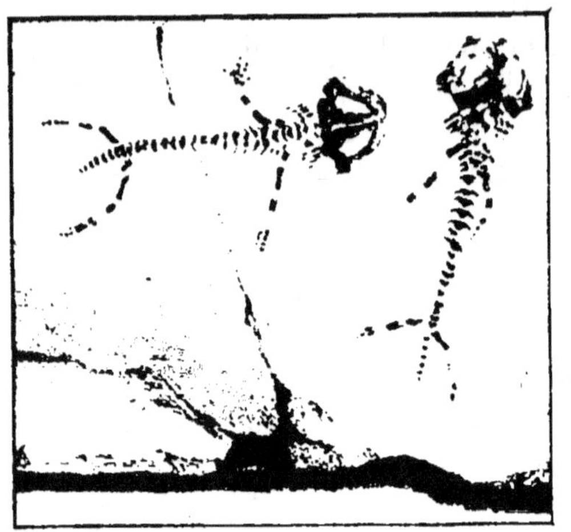

Fig. 65. — Squelettes de *Protritons* sur un morceau de schiste permien d'Autun (grandeur naturelle).

entre eux, comme ceux des Crocodiles actuels, n'offrait que de petites ouvertures pour les yeux et les narines. Son cerveau était très exigu. Sa gueule, armée de dents pointues, dénote un régime carnivore. Son thorax était protégé par un système de plaques osseuses formant bouclier; le reste du corps était couvert de fortes écailles (fig. 67). Cette ossification extérieure contraste avec la faiblesse de la colonne vertébrale dont les éléments n'arrivaient jamais à s'ossifier complètement.

Une vertèbre de Batracien primaire, en effet, n'était pas formée par une pièce unique, comme chez les Batraciens actuels, mais composée de plusieurs morceaux (fig. 68), de sorte que

([1]) De *pro*, avant, *triton*, salamandre aquatique.
([2]) Du grec *actis*, rayon, et *odon*, dent, parce que les dents de cet animal montrent une structure rayonnée.

le corps ou *centre* de la vertèbre, au lieu d'être plein, formait

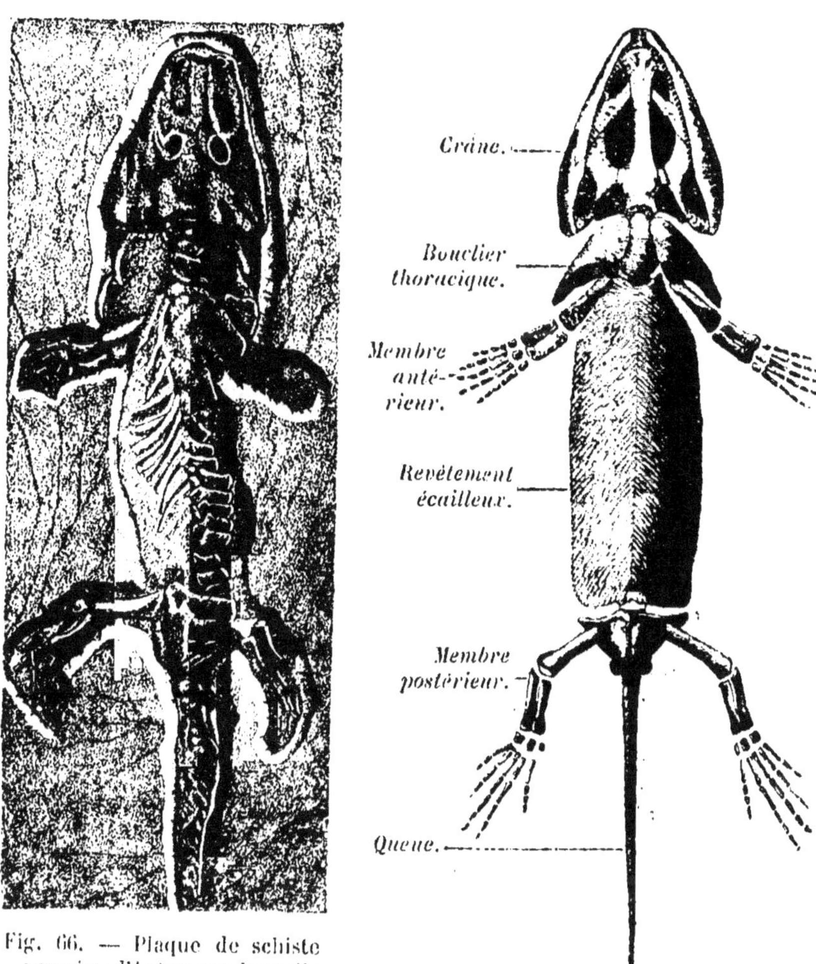

Fig. 66. — Plaque de schiste permien d'Autun sur laquelle se trouve un squelette d'Actinodon. (Longueur de cet échantillon : 0ᵐ,75.)

Fig. 67. — Restauration du squelette d'Actinodon vu par la face ventrale. (D'après M. Albert Gaudry.)

une sorte de canal, occupé, pendant la vie de l'animal, par une *notocorde* persistante (¹).

(¹) Quand on suit le développement embryologique d'un Vertébré quelconque, on voit qu'il y a d'abord un état où il n'existe pas de vertèbres. A leur place se trouve un cordon non segmenté, de consistance molle, la

Pendant l'ère primaire, les vrais *Reptiles* ont été peu nombreux et leur taille ne dépassait pas celle d'un gros Lézard actuel. Leurs vertèbres étaient déjà formées d'une seule pièce, mais l'ossification n'avait pas encore gagné complètement le centre ; la notocorde persistait en partie.

L'*Hatteria*, sorte de Lézard qui vit dans la Nouvelle-Zélande, a une organisation bien plus primitive que celle des autres Reptiles actuels ; il rappelle les Reptiles primaires. C'est un survivant des époques anciennes.

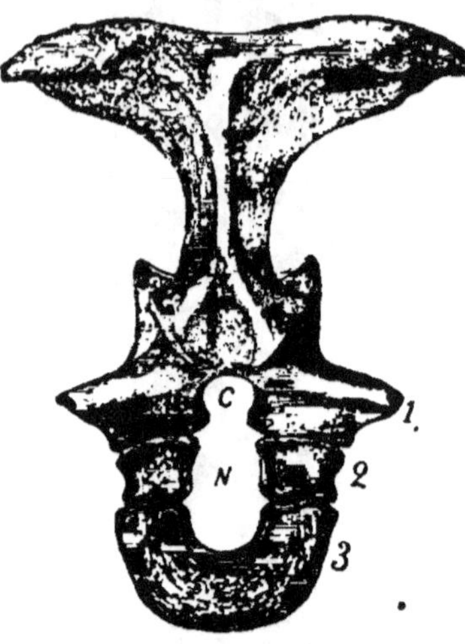

Fig. 68. — Vertèbre de Reptile primaire (*Euchirosaurus*) formée de trois pièces, 1, 2, 3. C, canal occupé par la moelle épinière ; N, cavité remplie par la notocorde (aux 2/3 de la grandeur naturelle).

21. Résumé et conclusions. — Nous savons que dès l'origine des temps primaires, il y avait des représentants de presque tous les groupes d'Invertébrés ([1]). Mais le monde cambrien était bien chétif. Il ne comprenait que des animaux marins, de taille exiguë, peu nombreux et peu différenciés : des Protozoaires, des Polypes, des Échinodermes, des Brachiopodes, la plupart fixés au sol ou enfermés dans des coquilles. À côté d'eux, quelques Nautiles et des Trilobites menaient une existence moins passive.

Pendant l'époque silurienne, ces formes de vie se multiplient plus qu'elles ne se perfectionnent. Les Crinoïdes, les Trilobites, les Nautilidés montrent une étonnante diversité d'espèces. De tout temps, la nature a su produire des varia-

---

notocorde. Plus tard cette notocorde disparaît pour faire place peu à peu à la colonne vertébrale ossifiée.

([1]) Seuls, les Tuniciers manquent à l'appel. Mais ce sont des animaux de consistance molle, ne se prêtant pas à la fossilisation.

tions infinies sur un même thème. Pourtant, vers la fin, l'apparition des Crustacés géants et des premiers Vertébrés réalise un grand progrès.

Avec le Dévonien ce progrès s'accentue. Les Poissons se multiplient ; ce sont encore, il est vrai, des animaux de petite taille, enfermés dans des cuirasses rigides, à colonne vertébrale rudimentaire. La vie continentale nous apparaît pour la première fois.

Pendant le Carbonifère et le Permien, elle prend son essor. La forêt houillère, d'un aspect étrange, abrite des représentants de tous les groupes d'Articulés terrestres et notamment de gigantesques Libellules. Les lacs et les rivières sont peuplés de Poissons ganoïdes. Les premiers Quadrupèdes font leur apparition, d'abord sous la forme de Batraciens, puis de quelques Reptiles.

Malgré tous les efforts de vie accumulés au cours de milliers de siècles, le monde primaire est bien triste. Les animaux marins sont loin d'avoir acquis toute leur variété, leur vivacité et leur puissance. Sur la terre ferme, les Reptiles ne sont représentés que par des formes inférieures ; les Vertébrés à sang chaud, qui donneront tant d'animation aux paysages futurs, sont absents.

TROISIÈME CONFÉRENCE

LES ANIMAUX SECONDAIRES

22. *Caractères généraux de l'ère secondaire*. — L'ère secondaire est le règne des *Gymnospermes* parmi les plantes, des *Reptiles* parmi les animaux vertébrés. Pour le géologue, deux groupes de Mollusques, les *Ammonites* et les *Bélemnites*, ont une importance capitale, car ils sont aussi caractéristiques des terrains secondaires que les Trilobites, maintenant disparus, l'étaient des terrains primaires.

Tandis que l'ère primaire avait vu le développement des types inférieurs d'organisation, l'ère secondaire correspond ainsi au développement des types moyens. On la désigne souvent, pour raison, sous le nom d'ère *mésozoïque* [1].

Dans son ensemble, la configuration générale des terres et des mers était encore très différente de la configuration actuelle [2]. Les deux Amériques sont exondées, sauf les régions où se dresseront plus tard les Montagnes Rocheuses et les Andes. L'Amérique du Nord reste unie au Groenland et même à l'Europe par un grand continent que nous connaissons déjà et qui, occupant l'emplacement de l'Atlantique, peut être nommé *Atlantide*. De même, l'Amérique du Sud, au moins pendant la première moitié de l'ère secondaire, est réunie à l'Afrique par un autre continent.

Entre ces deux terres, l'Atlantide au Nord et l'Afrique-Amérique au Sud, s'étend une mer dirigée dans le sens

[1] Du grec *mesos*, intermédiaire, et *zóon*, animal, ère des animaux intermédiaires.

[2] Voyez les cartes paléogéographiques des *Conférences de Géologie*, pl. III et IV.

Est-Ouest, sorte de vaste Méditerranée où les sédiments s'accumulent d'une façon ininterrompue.

Sauf la région scandinave, émergée définitivement depuis l'origine des temps primaires, l'Europe est une sorte d'archipel dépendant de cette Méditerranée dont le niveau subit de nombreuses oscillations. L'Asie est terre ferme dans sa plus grande étendue; toutefois la Sibérie et la région persique sont souvent envahies par des eaux salées.

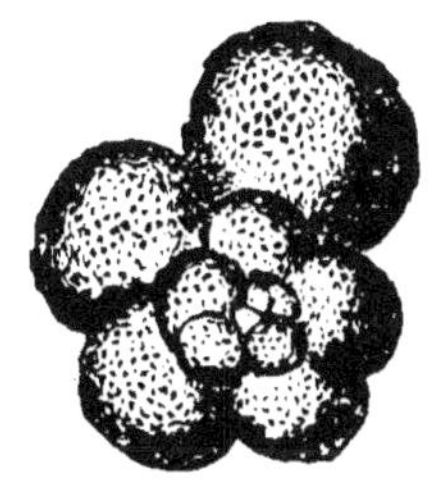

Fig. 69. — Globigérine de la craie des environs de Paris (grossie 100 fois).

La température générale était beaucoup plus élevée qu'aujourd'hui. Les plantes, qui croissaient alors dans nos pays, ne vivent actuellement que dans les parties les plus chaudes du globe. Les Reptiles, dont c'était le règne, sont aussi des amis de la chaleur.

Pourtant les climats commencent à se différencier. Ce ne sont plus les mêmes espèces végétales qu'on rencontre à toutes

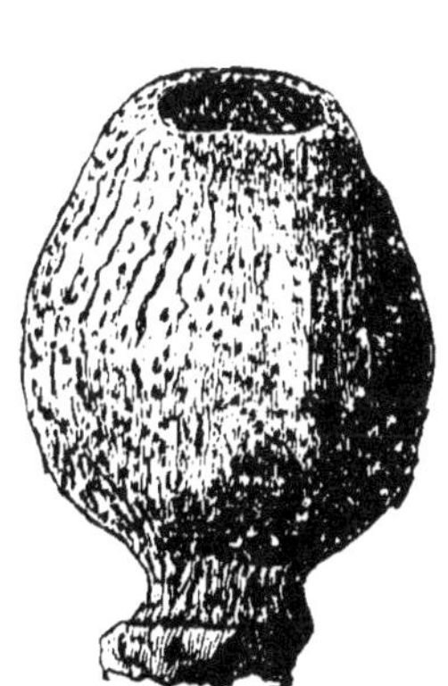

Fig. 70. — Éponge de la craie (*Jerea*) (1/5 de la grandeur naturelle).

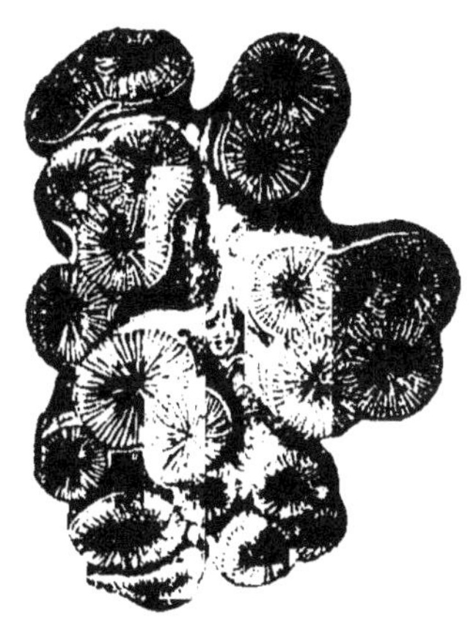

Fig. 71. — *Thecosmilia*, polypier secondaire (1/4 de la grandeur naturelle).

les latitudes, comme cela avait lieu pendant l'ère primaire. Déjà des provinces botaniques accusent une diminution de température en allant de l'équateur vers les pôles.

L'étude des fossiles marins parle dans le même sens. Les

récifs construits par les Polypiers des mers secondaires ne sont pas tous du même âge. Les récifs les plus anciens se trouvent le plus au Nord ; on les voit ensuite émigrer peu à peu vers le Sud, ce qui indique un refroidissement progressif de la mer,

Fig. 72. — Crinoïdes (*Pentacrinus*) sur une roche secondaire. (Hauteur vraie : 2ᵐ,50.)

Fig. 73. — Disques séparés d'une tige de Pentacrine, vus de profil et en dessus (grandeur naturelle).

du Sud vers le Nord.

25. *Protozoaires et Zoophytes.*

— Les coquilles microscopiques de Protozoaires sont très répandues dans les terrains secondaires. Les mers où s'effectuaient ces dépôts avaient des *Foraminifères* et des *Radiolaires* semblables à ceux d'aujourd'hui. Dans la craie, qui est une roche secondaire, on trouve souvent des Foraminifères identiques à des genres vivants ; tels sont les Globigérines (fig. 69), qui forment certaines boues du fond de nos océans.

Il y avait aussi beaucoup d'*Éponges*, que rien ne permet de distinguer des formes actuelles ; le plus souvent leur corps

s'est transformé en silice, tout en gardant leur forme extérieure (fig. 70).

Les Coraux, largement représentés, sont très voisins des types modernes (fig. 71). Ils formaient, dans les mers secondaires, des récifs comme ceux qu'ils construisent de nos jours dans les mers chaudes.

24. Échinodermes. — Les Échinodermes se sont perfectionnés. Les groupes primitifs, *Cystidés* et *Blastoïdés*, n'existent plus. Les *Crinoïdes* ont des formes moins variées; ils se rapprochent davantage des types actuels. Mais, tandis qu'aujourd'hui les Lis de mer sont de petits animaux, pendant le Secondaire ils avaient des dimensions considérables (fig. 72). Leurs calices magnifiques étaient portés sur des tiges de plusieurs mètres de longueur. Ces tiges étaient formées d'une série de disques, ou *entroques*, empilés les uns sur les autres, et d'une jolie forme étoilée (fig. 73). Certains calcaires secondaires, dits calcaires à entroques, sont presque uniquement formés de débris de Crinoïdes.

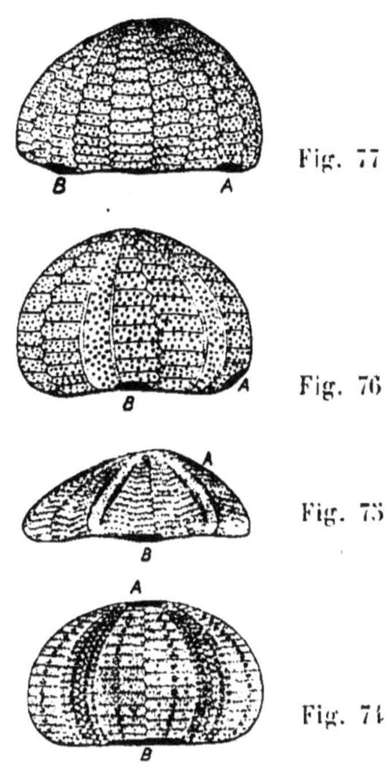

Fig. 74-77. — Divers Oursins de l'ère secondaire. Fig. 74, Oursin régulier, la bouche (B) est opposée à l'anus (A). Fig. 75, l'anus se déplace latéralement. Fig. 76, l'anus arrive près de la bouche. Fig. 77, la bouche se déplace à son tour.

Les *Oursins*, qui étaient rares aux époques primaires et fort différents de ceux qui vivent de nos jours, sont devenus très nombreux et voisins des Oursins actuels. Ceux-ci se divisent en *Réguliers*, et *Irréguliers*. Chez les Oursins réguliers, la bouche est opposée à l'anus (fig. 74), la symétrie rayonnée est parfaite; chez les irréguliers, la bouche et l'anus changent de place, occupent des positions de plus en plus excentriques (fig. 75 à 77). Pendant la première moitié de l'ère secondaire, les Oursins réguliers (fig. 78) dominaient de beaucoup sur les irréguliers, ce qui est conforme aux lois d'une

Fig. 78. — Un Oursin secondaire (*Pseudocidaris*), encore muni de ses piquants (1/2 environ de la grandeur naturelle).

évolution progressive, car les Oursins irréguliers s'éloignent plus des types primitifs que les Oursins réguliers.

25. *Brachiopodes*. — Pendant l'ère secondaire, les Brachiopodes sont encore très abondants, mais beaucoup moins variés. La plupart des genres primaires sont éteints. Il ne reste plus guère que des *Térébratules* (¹) et des *Rhynchonelles* (²).

(¹) Du latin *terebratus*, perforé, à cause du trou pour le passage du pédicule.
(²) Du grec *rhynchos*, bec, à cause du prolongement en bec de la grande valve.

Il est vrai que leurs coquilles sont extrêmement répandues. Les Térébratules ont un test lisse (fig. 79) et les Rhynchonelles un test plissé (fig. 80).

26. *Mollusques. Lamellibranches et Gastéropodes.*
— Les *Lamellibranches* secondaires ont réalisé de grands progrès sur ceux de l'ère primaire. Les Huîtres étaient très nombreuses; elles formaient des bancs entiers, comme aujourd'hui. Presque chaque niveau des terrains secondaires est caractérisé par une espèce spéciale. Un des fossiles les plus

Fig. 79. — Térébratule des terrains secondaires (grandeur naturelle).

Fig. 80. — Rhynchonelle des terrains secondaires vue de profil et de face (grandeur naturelle).

communs est la *Gryphée arquée*, facile à reconnaître à son profil de lampe romaine (fig. 81). Plusieurs se rapprochent davantage des Huîtres actuelles (fig. 82).

Comme genres caractéristiques il faut citer : les *Trigonies* ([1]) (fig. 83), dont il n'y a plus aujourd'hui que quelques représentants dans les mers qui baignent l'Australie; les *Inocérames* ([2]), qui se trouvent en abondance dans les terrains de craie (fig. 84) et surtout le groupe des *Rudistes* ([3]).
Le genre le plus commun, qui est propre à la Craie, est

([1]) Du grec *treis*, trois, *gonia*, angle, à cause de la forme triangulaire de cette coquille.

([2]) Du grec *is, inos*, fibre, *keramos*, poterie, les débris de ces coquilles ressemblant à des morceaux de pots cassés à structure fibreuse.

([3]) Du latin *rudis*, à cause de la surface rude de beaucoup de ces coquilles.

connu sous le nom d'*Hippurite* (¹) (fig. 85). Sa coquille, comme celle de tous les Lamellibranches, était formée de deux

Fig. 81. — La Gryphée arquée, une Huitre des terrains du Lias (1/2 de la grandeur naturelle).

Fig. 82. — Une Huitre de l'époque crétacée (*Ostrea Couloni*) (1/5 de la grandeur naturelle).

valves, mais ces deux valves étaient ici différentes et très inégales. L'une d'elles, l'inférieure, avait la forme d'un cornet allongé ; la valve supérieure était plate et fermait le cornet comme un couvercle. Ces animaux se fixaient au sol, vivant en groupes ou en colonies. Ils formaient, par leur accumulation, de véritables récifs, et jouaient ainsi dans nos pays, vers la fin de l'ère secondaire, le rôle tenu jusque-là par les Coraux, dont la retraite vers les mers équatoriales avait commencé.

Fig. 83. — Trigonie des terrains jurassiques (grandeur naturelle).

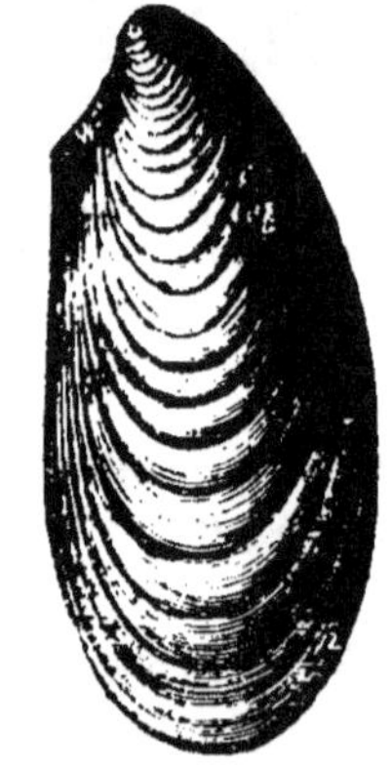

Fig. 84. — Inocérame des terrains secondaires (1/2 de la grandeur naturelle).

Les Gastropodes n'offrent rien de particulier. Beaucoup plus nombreux que dans les temps pri-

(¹) Du grec *hippos*, cheval, *oura*, queue, à cause de la ressemblance grossière de ce fossile avec une queue de cheval.

maires, ils ne sont pas encore arrivés à leur apogée et les formes que les zoologistes considèrent comme les plus parfaites n'apparaîtront que plus tard.

Il faut mentionner un genre tout à fait spécial qui n'existe plus aujourd'hui, le genre *Nérinée* (fig. 86).

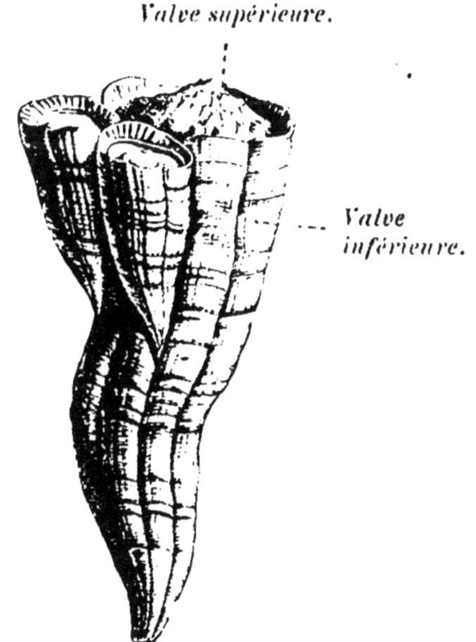

Fig. 85. — Groupe de trois Hippurites du terrain crétacé (1/5 environ de la grandeur naturelle).

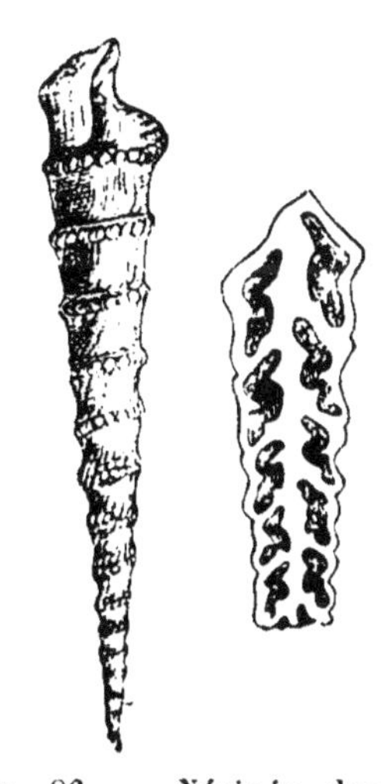

Fig. 86. — Nérinée des terrains jurassiques. A gauche, la coquille entière ; à droite, la coquille coupée longitudinalement pour montrer la forme plissée de l'intérieur (1/2 environ de la grandeur naturelle).

27. Céphalopodes. Ammonites. — Les *Céphalopodes* sont les Mollusques les plus intéressants de l'ère secondaire. Il faut entrer dans quelques détails à leur sujet.

Les Céphalopodes tétrabranches, si importants pendant l'ère primaire, sont maintenant réduits au seul genre Nautile, qui a persisté jusqu'à nos jours. Ils sont remplacés par les *Ammonites*.

Les Ammonites sont des coquilles dont la forme rappelle celle des cornes de bélier que les artistes de l'antiquité mettaient au front de Jupiter Ammon (fig. 87). Elles sont essentiellement caractéristiques des terrains secondaires. A la vérité, elles font leur première apparition au sommet des terrains primaires, mais ce sont alors des raretés. On n'en a jamais trouvé dans les terrains tertiaires.

Ces coquilles sont très différentes les unes des autres. Leur taille varie de quelques millimètres à plus de 1 mètre de diamètre. Leur surface est ornée de mille manières par des côtes, des sillons, des tubercules, des épines (fig. 90 à 95).

On a cru pouvoir distinguer de 4000 à 5000 espèces d'Ammonites. Comme elles se trouvent à profusion dans les terrains secondaires et que certaines formes paraissent cantonnées à des niveaux distincts et déterminés, les Ammonites rendent les plus grands services aux géologues.

Fig. 87. — Tête de Jupiter Ammon, d'après une sculpture antique.

La coquille des Ammonites ressemble beaucoup à celle des Nautiles ; elle comprend une chambre d'habitation (fig. 88, *ch*) et une série de compartiments (*ca*) séparés par des cloisons et traversés par un siphon (*s*). Mais ici, le siphon, au lieu d'être central (Voy. fig. 55, p. 52), est situé sur le bord externe et les cloisons sont très différentes.

Chez les Nautiles, en effet, nous avons vu que la suture des cloisons avec l'extérieur de la coquille avait une forme droite ou ondulée (fig. 89, A). Chez les Goniatites, cette ligne était anguleuse (fig. 89, B). Chez les *Cératites* (¹), qui sont des Ammonites de la première partie des temps secondaires, la ligne se complique et se divise en lobes distincts (C). Chez les Ammonites proprement dites, cette complication est parfois poussée à l'extrême et la ligne des cloisons prend la forme de feuillages finement découpés (D). Dans leur développement,

(¹) Du grec *keras*, corne.

les Ammonites à cloisons compliquées passent par les phases Gonatite et Cératite, c'est-à-dire qu'elles commencent par avoir des cloisons simplement sinueuses, puis crénelées, ce qui tend à prouver une fois de plus que le développement de l'individu rappelle celui du groupe auquel appartient cet individu.

De même que nous avons vu, dans le Primaire, des formes de Nautiles se dérouler peu à peu jusqu'à produire des formes droites ou Orthocères, les Ammonites ont produit des types déroulés analogues. Tels les *Ancylocères* (¹)

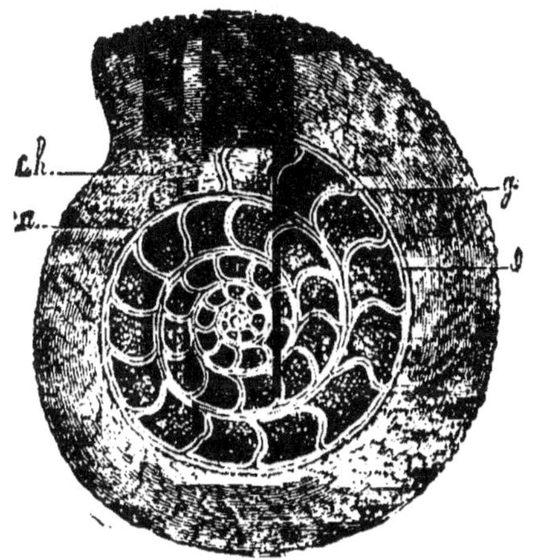

Fig. 88. — Ammonite coupée par le milieu pour montrer la chambre d'habitation *ch*, les chambres à air *ca*, le siphon *s* (1/5 de la grandeur naturelle).

(fig. 96). Les formes droites sont appelées *Baculites* (²)

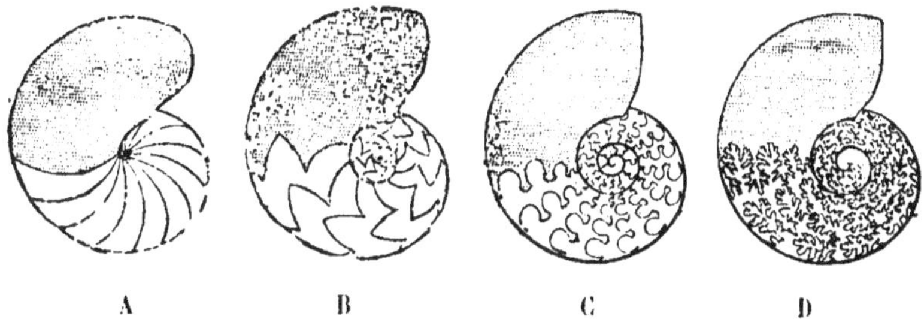

Fig. 89. — Croquis montrant la forme des cloisons chez divers Céphalopodes fossiles. — A, Nautile; B, Goniatite; C, Cératite; D, Ammonite. La chambre d'habitation est représentée par une teinte grise.

(fig. 97). Les *Turrilites* (³) avaient leurs tours disposés en hélice (fig. 98).

(¹) Du grec *agkulos*, recourbé, et *keras*, corne.
(²) Du latin *baculus*, bâton.
(³) Du latin *turris*, tour.

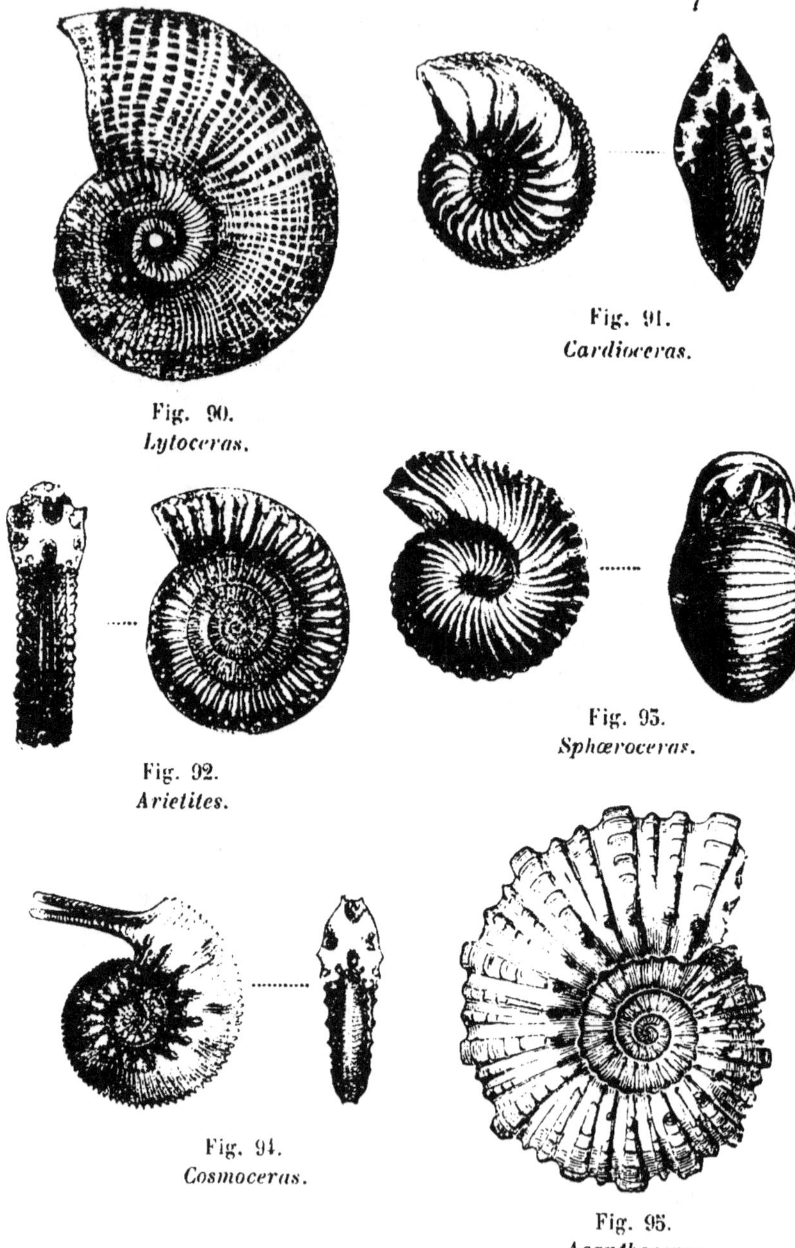

Fig. 90.
Lytoceras.

Fig. 91.
Cardioceras.

Fig. 92.
Arietites.

Fig. 93.
Sphœroceras.

Fig. 94.
Cosmoceras.

Fig. 95.
Acanthoceras.

Fig. 90 à 95. — Diverses coquilles d'Ammonites
(grandeurs réduites).

Ces formes déroulées sont particulièrement abondantes dans la dernière période de l'ère secondaire (Crétacé).

Malgré leur ressemblance avec les Nautiles, il est probable que les Ammonites n'étaient pas des Tétrabranches. Par certains caractères, elles se rapprochent des

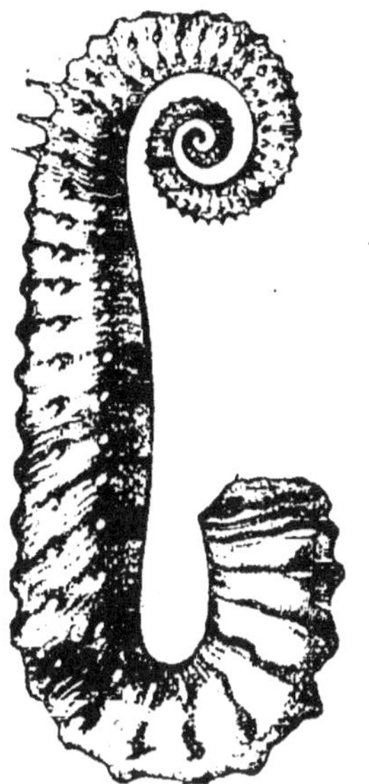

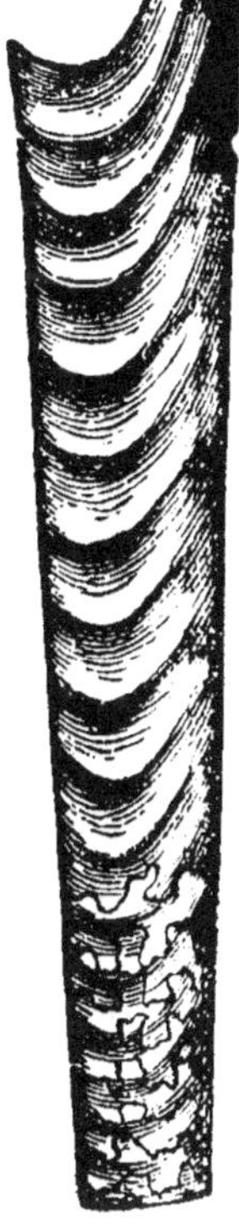

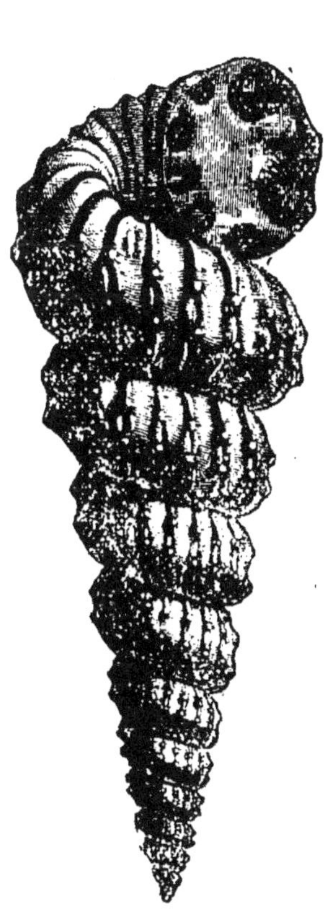

Fig. 96. — Ancylocère. (Longueur de l'échantillon : 0ᵐ,40.)

Fig. 97. — Baculite (1/2 de la grandeur naturelle).

Fig. 98. — Turrilite (1/2 environ de la grandeur naturelle).

Dibranches (¹). Mais on ne saurait rien affirmer, car l'animal

(¹) On se base, pour faire ce rapprochement, sur les caractères de la première loge de la coquille. Chez les Ammonites, cette première loge se rapproche plutôt de celle de la Spirule, Céphalopode dibranche de l'époque actuelle, que de celle du Nautile, seul représentant actuel des Tétrabranches. Mais, d'un autre côté, tandis que la coquille des Spirules est interne, logée dans le corps même de l'animal, il est certain que la

qui était logé dans les coquilles nous est inconnu. Le mieux est de considérer les Ammonites comme un groupe de Céphalopodes particulier, intermédiaire entre les deux groupes actuels. C'est une conclusion d'un genre très fréquent en Paléontologie.

28. Bélemnites. — D'ailleurs les mers secondaires étaient peuplées de nombreux Dibranches. A côté de vrais *Calmars*, qui ont laissé leurs empreintes sur des sédiments à texture fine (fig. 99), il y avait un grand groupe de Dibranches caractérisant les temps secondaires au même titre que les Ammonites et dont les restes fossiles sont connus sous le nom de *Bélemnites* (¹).

Ce sont des corps allongés, en forme de cigares, de fuseaux ou de pointes de flèches (fig. 100 à 104), de nature calcaire; la base, c'est-à-dire le gros bout, est percée d'une cavité en forme d'entonnoir et divisée par des cloisons analogues à celles de la Spirule, des Ammonites ou des Nautiles. Ces corps sont les homologues de la petite pointe, ou rostre, des os de Seiche ou biscuits de mer qu'on donne aux Oiseaux en cage (fig. 105).

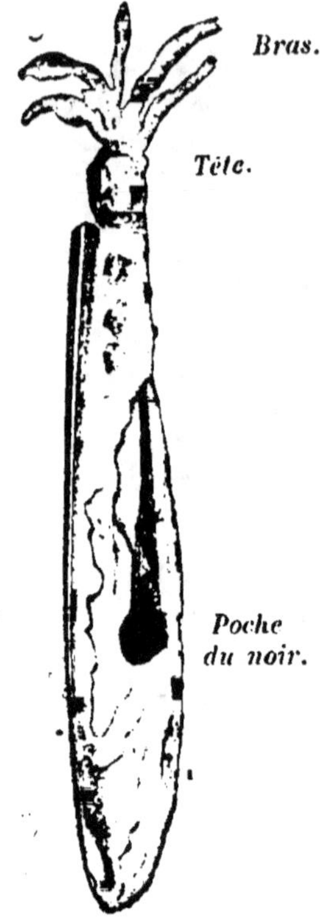

Fig. 99. — Empreinte de Calmar sur une plaque de calcaire lithographique. — On distingue bien la poche du noir (1/3 environ de la grandeur naturelle).

Quand elles sont complètes, ce qui est rare, les Bélemnites montrent que l'entonnoir cloisonné, ou *phragmocône* se continuait par une expansion ou lame

coquille des Ammonites était externe et renfermait le corps de l'animal. On connaît des pièces, dites *aptychus*, qui servaient d'opercules à cette coquille.

(¹) Du grec *belemnon*, trait, pointe de flèche.

cornée, analogue à l'os de Seiche ou à la *plume* des Calmars (fig. 106).

Certaines empreintes, exceptionnellement nettes, montrent que les animaux des Bélemnites ressemblaient, en effet, aux Calmars et aux Seiches des mers actuelles par leurs nageoires latérales, leur tête ronde avec de grands yeux, leurs bras

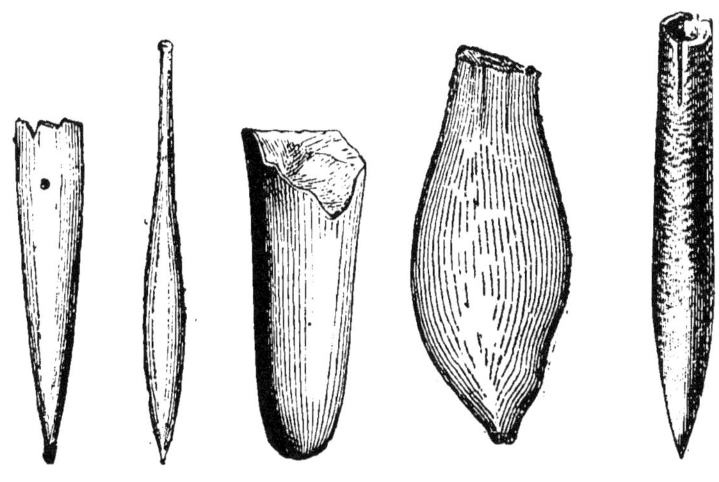

Fig. 100 à 102.
Bélemnites jurassiques.

Fig. 103.
Bélemnite du
Crétacé inférieur.

Fig. 104.
Bélemnitelle du
Crétacé supérieur

Fig. 100 à 104. — Diverses formes de Bélemnites (grandeurs un peu réduites)

courts, munis de ventouses et de griffes. Ils en différaient surtout par le rostre de la partie postérieure du corps. Comme eux ils avaient une poche à encre, et cette encre est parfois si bien conservée que la figure 107 est la reproduction d'un dessin de notre galerie du Muséum fait avec de la sépia[1] d'une Bélemnite.

Les plus grands de ces animaux ont pu avoir 2 ou 3 mètres de longueur totale.

29. Animaux articulés. — Les *Crustacés* des temps se-

[1] Le nom de la couleur appelée sépia est tiré de celui de la Seiche (genre *Sepia*).

condaires sont très différents de ceux des temps primaires. Il n'y a plus de Trilobites.

Les formes supérieures, ou *Décapodes*, ont fait leur apparition (fig. 108). Ces animaux sont représentés aujourd'hui par deux groupes : ceux qui ont une longue *queue* (abdomen), comme les Crevettes, les Homards, les Écrevisses ; ceux qui ont une queue rudimentaire comme les Crabes. Le développement des Crabes montre que ce

Fig. 105. — Os de Seiche (1/4 de la grandeur naturelle).

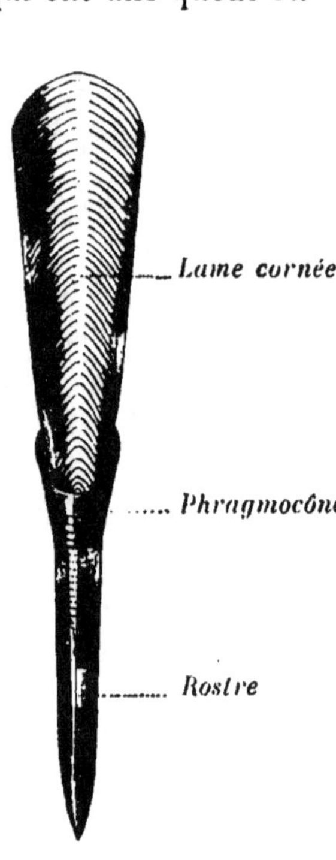

Fig. 106.
Coquille complète
de
Bélemnite.

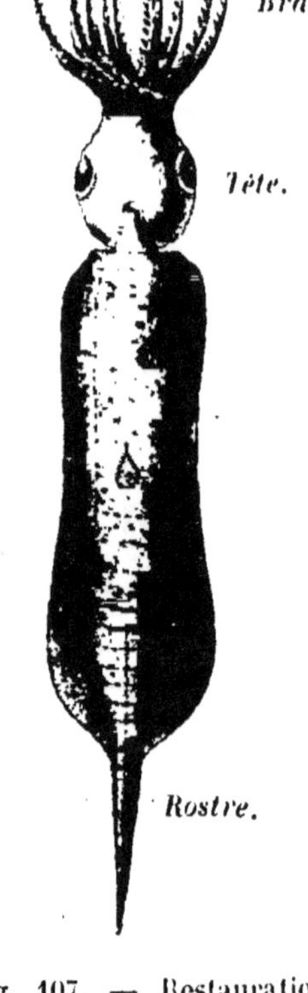

Fig. 107. — Restauration d'une Bélemnite. *Fac-simile* d'un dessin fait avec de la sépia fossile.

sont des Décapodes dont la queue a subi un arrêt de développement ; ils représentent, par suite, des formes plus avancées que les Homards ou les Écrevisses. Or, pendant la plus grande partie des temps secondaires, les Décapodes à longue queue ont régné exclusivement. Les Crabes ne commencent qu'au Crétacé et n'atteignent leur plein développement qu'au Tertiaire. Les terrains secondaires fournissent des formes de passage entre les deux groupes.

Des Crustacés voisins de certains types secondaires ont été découverts dans les grandes profondeurs des mers actuelles.

Les *Insectes* ont fait aussi de grands progrès. Nous retrouvons les groupes primaires, à métamorphoses incom-

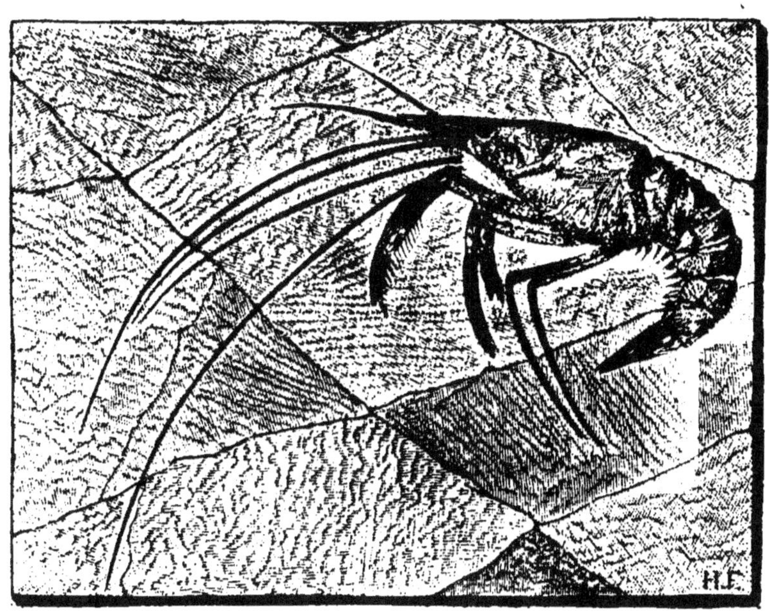

Fig. 108. — Crevette fossile sur une plaque de calcaire lithographique
(1/2 environ de la grandeur naturelle).

plètes, mais leur taille diminue, ils se rapprochent graduellement des types actuels.

Le groupe intermédiaire des Coléoptères prend un grand développement. Le groupe supérieur, à métamorphoses complètes, les Abeilles, les Fourmis, les Papillons, commencent dans le Secondaire avec les plantes à fleurs; ils suivent l'évolution du règne végétal; aussi leur règne n'aura lieu qu'à l'ère tertiaire et à l'époque actuelle.

50. Poissons. — Les Vertébrés révèlent des perfectionnements analogues. Les Poissons cuirassés n'existent plus. Les

Ganoïdes restent abondants pendant la première moitié des

Fig. 109. — *Lepidotus*, poisson fossile, ganoïde, des terrains secondaires (Lias)
(longueur réelle : 0ᵐ,60).

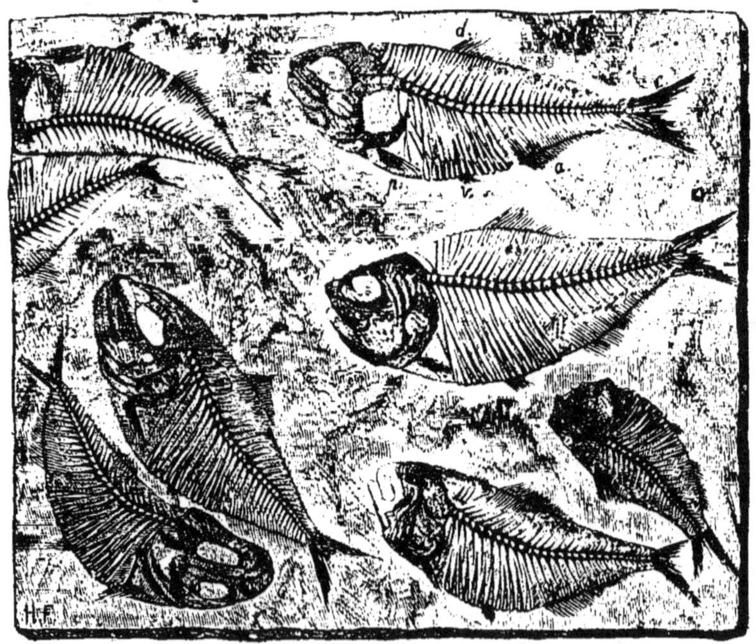

Fig. 110. — Sardines fossiles (poissons osseux) du terrain crétacé
(1/5ᵉ de la grandeur naturelle).

temps secondaires. Le genre *Lepidotus* (¹) est très répandu

(¹) Du grec *lepidotos*, couvert d'écailles.

(fig. 109) : on rencontre souvent, à l'état isolé, ses écailles losangiques et ses dents hémisphériques.

Vers le milieu de l'ère secondaire, apparaissent les *Poissons osseux*, aux écailles molles, aux vertèbres bien ossifiées ; ils augmentent à mesure que les Ganoïdes diminuent (fig. 110) ; on trouve de nombreuses formes de passage.

Les *Sélaciens* ou Squales (Requins et Raies), qui ont débuté pendant l'ère primaire par des formes assez indécises, deviennent nombreux et variés. Leur squelette, de nature cartilagineuse, s'est rarement conservé, mais leurs dents et les aiguillons de leurs nageoires sont très abondants.

On avait depuis longtemps recueilli, dans les terrains du Trias, des dents singulières (fig. 111) auxquelles on avait donné le nom de

Fig. 111. — Dent de *Ceratodus* fossile (1/2 de la grandeur naturelle).

Ceratodus. Un jour on en découvrit de pareilles dans la bouche d'un Poisson d'Australie qui peut respirer à la fois par des branchies et par des poumons : exemple curieux d'un animal vivant qui a d'abord été connu par son ancêtre fossile.

51. *Batraciens*. — Les Batraciens ou Amphibiens du début de l'ère secondaire sont les descendants directs de ceux de l'ère primaire, mais leur taille s'est accrue, leurs vertèbres ont fini de s'ossifier. On leur a donné le nom de *Labyrinthodontes*, parce que leurs dents présentent des plissements compliqués, labyrinthiformes (¹) ; ils disparaissent avec le Trias, au moment où ils paraissent être à leur apogée. Ils ont été remplacés plus tard par des Batraciens plus voisins de ceux de notre époque. Les plus anciennes Grenouilles et Salamandres fossiles proviennent de terrains appartenant à la fin de la période jurassique.

(¹) On attribue souvent à ces Labyrinthodontes les empreintes de pas sur des plaques de grès du Trias (v. fig. 6, p. 13). Il est probable que ces empreintes se rapportent plutôt à des Dinosauriens comme ceux que nous étudierons tout à l'heure.

52. *Reptiles. Les formes ambiguës.* — Les Reptiles impriment au monde animé de l'ère secondaire un caractère tout spécial.

Ces animaux ont alors joué, par leur nombre, leur variété

Fig. 112. — Squelette de *Pareiasaurus* du Trias de l'Afrique du Sud (longueur vraie : 2ᵐ,50).

et leur puissance, le rôle dévolu aux Mammifères dans la nature actuelle.

Nous les avons vus débuter, vers la fin de l'ère primaire, par des formes chétives et primitives. Pendant la première période secondaire, celle du Trias, les nouveaux venus offrent des caractères ambigus qui les rendent très intéressants.

Les uns présentent un mélange de traits particuliers aux groupes les mieux définis ; d'autres s'acheminent nettement vers les types spéciaux à l'ère secondaire que nous étudierons tout à l'heure ; d'autres marquent déjà des affinités avec les types actuels ; enfin il en est qui ressemblent beaucoup aux Mammifères. Cet ensemble représente comme une sorte de buisson touffu de formes indécises d'où vont partir les tiges puissantes des grands groupes. Choisissons deux de ces rameaux, à titre d'exemple.

Le premier, représenté par le *Pareiasaurus* (¹), de l'Afrique du Sud (fig. 112) nous montre une créature déjà énorme, basse sur pattes, ayant conservé le crâne sculpté et l'allure des Batraciens primaires, mais se rapprochant des Reptiles par d'autres caractères. Elle a des vertèbres biconcaves comme les Poissons, tandis que certaines particularités des os du bras et de la voûte palatine la rapprochent des Mammifères.

Le *Cynognathus* (²), également du Trias de l'Afrique australe, n'est pas moins singulier. A première vue, on prendrait son crâne pour celui d'un Mammifère, notamment d'un gros Chien ou d'un Ours (fig. 113). Cette tête présente, en effet, un mélange de caractères de Mammifères et de Reptiles. Elle a, comme chez les premiers, des dents différenciées en incisives, canines et molaires, et deux condyles occipitaux. La mâchoire inférieure s'articule presque directement avec le crâne, tant l'os carré, qu'on trouve chez les Reptiles, est ici réduit. Mais au lieu d'être formée par un os unique, comme chez les Mammifères, elle est encore composée de plusieurs pièces comme chez les Reptiles.

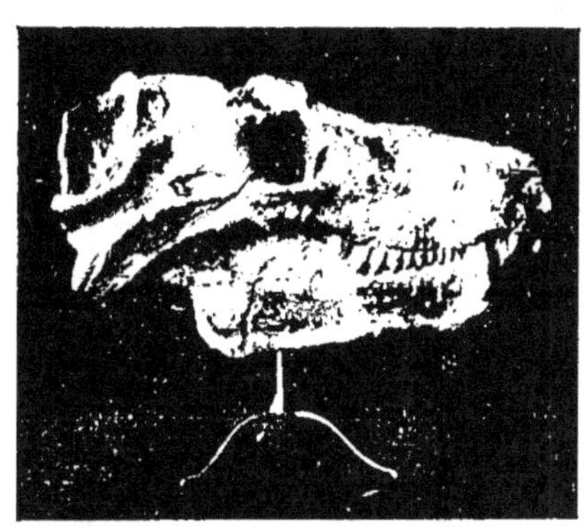

Fig. 113. — Crâne de *Cynognathus* (longueur vraie : 0ᵐ,40).

Cet animal, et quelques autres de la même époque, comblent donc en partie l'abîme qui sépare aujourd'hui deux classes très différentes.

(¹) Du grec *pareia*, joue et *sauros* lézard, à cause du grand développement de ses os pariétaux.

(²) Du grec *kuon*, *kunos*, chien et *gnathos*, mâchoire, animal à mâchoire de chien.

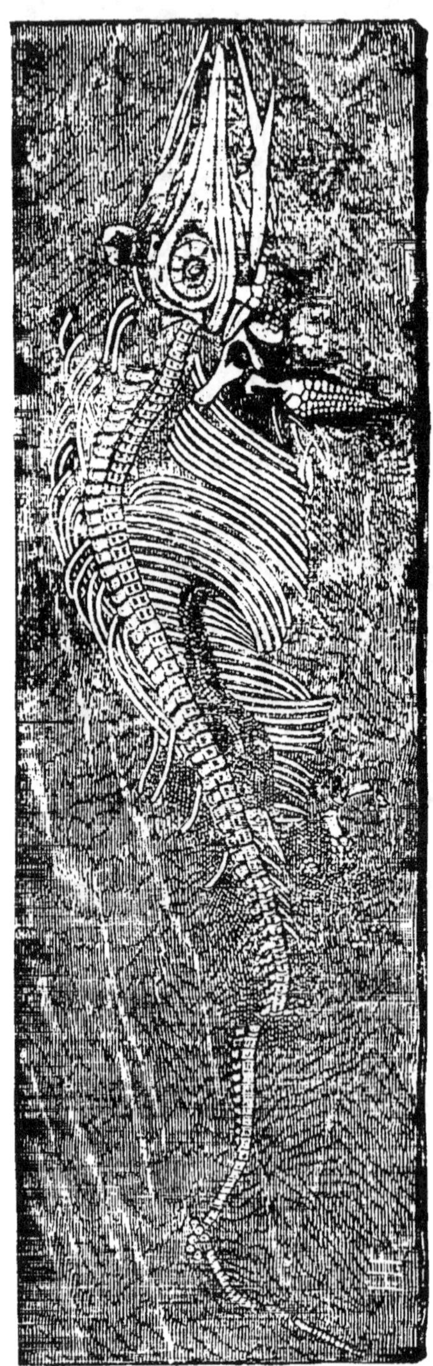

Fig. 114. — Squelette d'un *Ichthyosaure*, avec un petit dans le ventre (longueur vraie : 2 mètres). (Galerie de Paléontologie du Muséum.)

**55. *Reptiles marins*. — **A partir du Trias, les Reptiles s'épanouissent d'une façon magnifique dans tous les milieux. Les uns vivent dans la mer, d'autres habitent la terre ferme; il en est qui ont la faculté de s'élever dans les airs.

Parmi les Reptiles marins, il faut d'abord citer l'*Ichthyosaure* et le *Plésiosaure*, extrêmement nombreux dans les mers jurassiques.

L'Ichthyosaure (¹) avait un corps et des vertèbres de Poisson, un museau de Dauphin, des dents de Crocodile, une tête et un sternum de Lézard, des pattes de Cétacé. Sa longueur variait de 1 à 10 mètres. On a souvent trouvé des petits dans le ventre des Ichthyosaures, ce qui prouve qu'ils étaient vivipares, con-

(¹) Du grec *ichthus*, poisson, et *sauros*, lézard.

trairement à la plupart des Reptiles actuels (fig. 114).

Avec ces mêmes pattes de Cétacé, le Plésiosaure [1] avait une tête de Lézard, toute petite. et un long cou semblable à

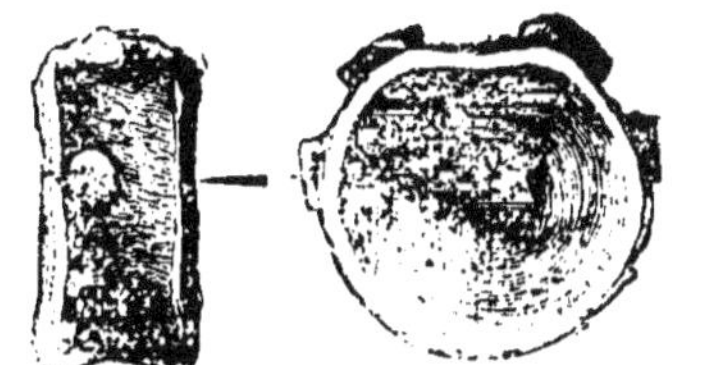

Fig. 115. — Vertèbre d'Ichthyosaure vue de côté et en avant (1/4 de la grandeur naturelle).

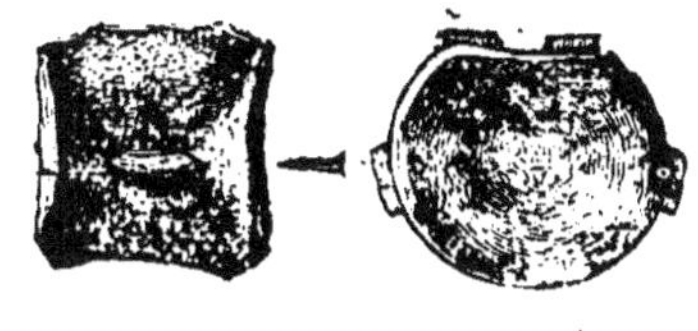

Fig. 116. — Vertèbre de Plésiosaure vue de côté et en avant (1/4 de la grandeur naturelle).

celui d'un Serpent. Certaines espèces ont eu près de 15 mètres de longueur. « Le Plésiosaure, a dit Cuvier, est peut-être le plus hétéroclite des habitants de l'Ancien Monde. » Cuvier

Fig. 117. — Reconstitution de l'Ichthyosaure (au premier plan) et du Plésiosaure (au second plan).

aurait été heureux de connaître les créatures plus étranges encore que la Paléontologie nous a révélées depuis.

[1] Du grec *plésion*, voisin. et *sauros*. lézard.

Les géologues rencontrent souvent des vertèbres isolées de ces animaux dans les terrains jurassiques. Il est facile de distinguer celles d'Ichthyosaures (fig. 115), biconcaves comme celles des Poissons, des vertèbres de Plésiosaures, plus larges et biplanes (fig. 116).

Dans ces dernières années, on a trouvé des cadavres entiers d'Ichthyosaures et de Plésiosaures, où l'empreinte de la peau était si bien conservée qu'on a pu reconstituer fidèlement les contours du corps et la forme des nageoires (fig. 117).

Ces animaux devaient être de puissants carnivores. L'Ichthyosaure avait de grands yeux, dont la sclérotique était renforcée

Fig. 118. — Squelette de Mosasaure du terrain crétacé des États-Unis (longueur vraie : 8 à 10 mètres).

Fig. 119. — Essai de restauration du même animal à l'état de vie.

par des plaques osseuses, mobiles, à la manière des diaphragmes iris de nos appareils photographiques. « C'étaient, a-t-on dit, des instruments d'optique d'un pouvoir varié et prodigieux, qui permettaient à l'Ichthyosaure d'apercevoir sa proie à une grande ou à une petite distance, dans l'obscurité de la nuit et dans les profondeurs de la mer. »

Dans la dernière période de l'ère secondaire, pendant le Crétacé, au moment où les animaux dont nous venons de parler étaient en décroissance, ils furent remplacés dans les mers par les *Mosasaures* (¹).

(¹) De *Mosa*, Meuse, parce que le premier exemplaire, étudié par Cuvier, a été trouvé à Maëstricht sur les bords de la Meuse, ou *Mosa*.

Ces Reptiles, dont la longueur pouvait atteindre près de 20 mètres, avaient un corps allongé comme les Serpents (fig. 118 et 119), mais leur anatomie les rapproche plutôt des Lézards. Tandis que les Serpents sont complètement dépourvus de membres, les Mosasauriens en avaient de très complets, disposés pour la locomotion aquatique comme ceux des Cétacés. C'étaient donc des Lézards nageurs et monstrueux. Leurs dents, nombreuses et tranchantes, indiquent de terribles destructeurs.

Il n'est pas probable que ces divers Reptiles : Ichthyosaures, Plésiosaures ou Mosasaures, aient pris naissance dans la mer. Leurs ancêtres ont d'abord dû habiter la terre ferme ou les rivages; ils se sont adaptés peu à peu à la vie aquatique, de la même manière que les Phoques ou les Dauphins actuels parmi les Mammifères.

54. Reptiles terrestres. — Les Reptiles terrestres étaient encore plus étranges que les Reptiles marins. On leur a donné le nom de *Dinosauriens* ([1]).

Il y en avait de toutes les tailles : tandis que les uns atteignaient 20 ou 25 mètres de longueur, d'autres ne dépassaient pas la grosseur d'un Renard ou même d'un Chat. Les uns étaient de véritables animaux féroces; d'autres, protégés par des armures contre les attaques des premiers, se nourrissaient paisiblement de végétaux. Certains avaient les pattes de devant et de derrière également développées; la plupart avaient leurs membres antérieurs très réduits et marchaient seulement sur les pattes de derrière à la manière des Kanguroos.

Parmi les types les mieux connus, on peut citer d'abord l'*Iguanodon* ([2]), trouvé en Belgique (fig. 120). La hauteur de son squelette varie de 4 à 5 mètres; son énorme queue, formait, avec les membres postérieurs, une sorte de trépied supportant le poids du corps, tandis que les membres antérieurs, plus réduits et armés d'un fort ergot, servaient à la préhension et à la défense.

([1]) Du grec *deinos*, terrible, énorme, et *sauros*, lézard.

([2]) Ainsi nommé parce que ses dents rappellent, par leur forme, celles d'un lézard actuel, l'Iguane.

Le *Stégosaure* (¹) d'Amérique avait un formidable appareil de plaques et d'épines osseuses. Sa tête se terminait par un bec corné analogue à celui des Oiseaux (fig. 121).

Fig. 120. — Squelette d'Iguanodon (longueur vraie : 9ᵐ.50 ; hauteur : 4ᵐ,50). Galerie de Paléontologie du Muséum.

Plus étrange encore était le *Tricératops* (²) (fig. 122). Sa tête, longue de 2 mètres, était protégée par une armature compliquée : elle avait un bec aigu et tranchant, une corne aplatie

(¹) Du grec *stegos*, toit, et *sauros*, lézard, parce que ses grandes plaques osseuses rappellent les tuiles d'un toit.
(²) Du grec *treis*, trois, et *keras*, corne.

en forme de hache sur le nez, deux grandes cornes effilées sur

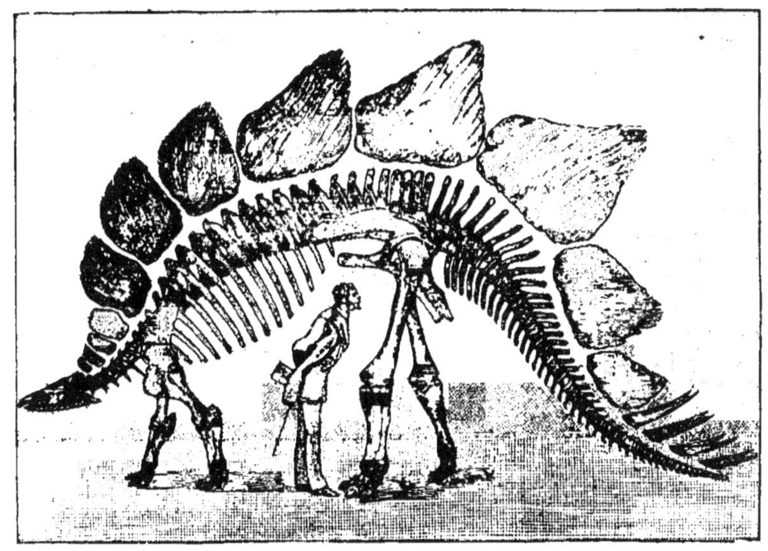

Fig. 121. — Squelette de Stégosaure (longueur vraie : 7^m,50).

Fig. 122. — Restauration du Tricératops (longueur vraie : 8 mètres).

le sommet du crâne, une expansion osseuse en forme de toit,
dont le bord était hérissé de pointes !

Le géant des Dinosauriens était le *Brontosaure* (¹) (fig. 123). Sa longueur atteignait 20 mètres et son poids a été évalué à 20 tonnes. Il avait une tête d'une petitesse si extraordinaire

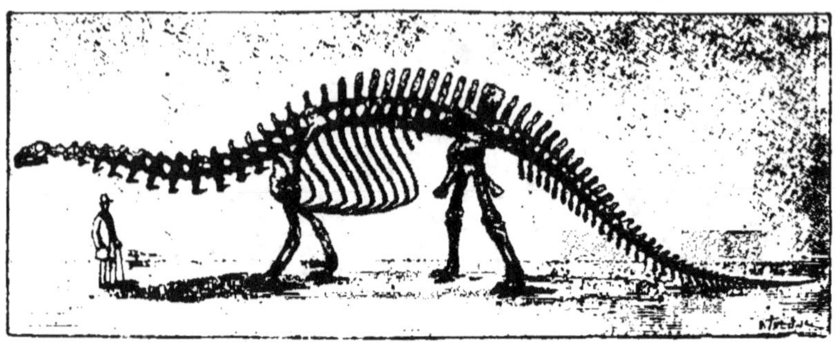

Fig. 123. — Squelette de Brontosaure (longueur vraie : 17 mètres).

que nous ne pourrions y croire si nous ne l'avions vue, aux

Fig. 124. — Restauration du Cératosaure (longueur vraie : 5 mètres).

États-Unis, dans l'étonnante collection de Marsh, le paléontologiste qui a découvert tous ces animaux.

(¹) Du grec *bronté*, tonnerre, le Saurien du tonnerre.

Les Dinosauriens dont nous venons de parler étaient herbivores. Leurs dents, très nombreuses, se remplaçant avec une extrême facilité, servaient moins à trancher qu'à broyer ; leurs pattes portaient plutôt des sabots que des griffes.

Les Dinosauriens carnivores étaient moins grands. En Europe, nous avions le *Mégalosaure*, aux griffes acérées, aux dents tranchantes comme des poignards. En Amérique vivait le *Cératosaure* mesurant 5 ou 6 mètres de longueur. La tête de ce monstre a un aspect féroce : sur les os nasaux se trouvait une corne tranchante ; l'armature buccale comprenait 66 grosses dents coniques et aiguës ; l'œil était protégé par une protubérance osseuse des os frontaux (fig. 124).

Le règne des Dinosauriens a donc été le règne de la puissance physique. Mais ces énormes bêtes étaient lourdes et stupides. On a calculé que, toutes proportions gardées, le cerveau d'un Crocodile actuel, qui ne saurait passer pour un animal bien intelligent, était cent fois plus volumineux que le cerveau d'un Brontosaure !

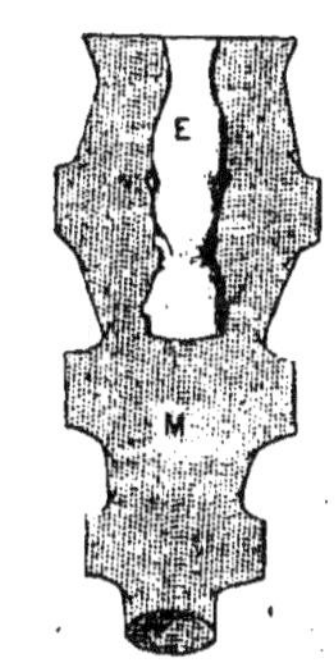

Fig. 125. — Encéphale (E) et canal médullaire (M) d'un Stégosaure (1/8° de la grandeur naturelle).

La figure 125 représente, à la même échelle, l'encéphale du Stégosaure et le canal médullaire des vertèbres sacrées du même animal. On voit que la moelle épinière, dans la partie postérieure du corps, était beaucoup plus volumineuse que le cerveau, y compris le cervelet, les lobes optiques et la moelle allongée.

La plupart de ces Reptiles présentent, dans leur anatomie, des affinités plus ou moins marquées avec les Oiseaux. Nous avons déjà vu que plusieurs avaient l'extrémité de leurs mâchoires garnie de corne formant un véritable bec. Leurs os offrent de grandes cavités médullaires comme ceux des Oiseaux. De même que chez ces derniers, le sacrum est composé d'un plus grand nombre de vertèbres que chez les Reptiles.

C'est surtout dans la constitution des membres postérieurs

que les analogies sont frappantes. Il suffit, pour s'en rendre compte, de comparer le bassin d'un Crocodile avec ceux d'un Dinosaurien et d'une Autruche (fig. 126 à 128). On voit que

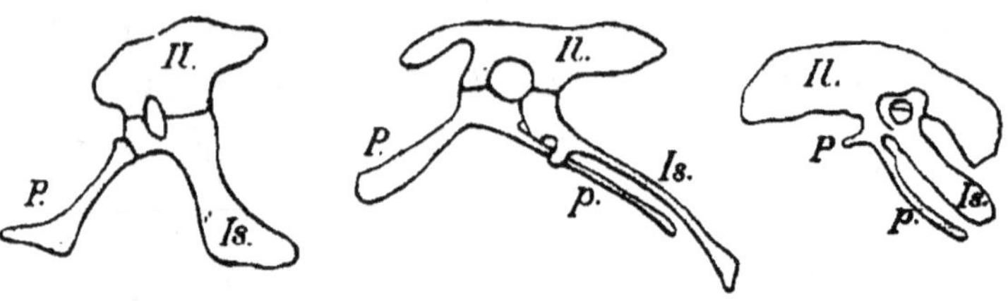

Fig. 126. — Bassin de Crocodile.

Fig. 127. — Bassin d'*Iguanodon*.

Fig. 128. — Bassin d'Oiseau (*Apteryx*).

Dans toutes ces figures : *Il*, ilion, *Is*, ischion, *P*, pubis, *p*, post-pubis, particulier aux Dinosauriens et aux Oiseaux.

par la forme générale, par la présence en arrière d'un os appelé post-pubis, les bassins de Dinosaurien et d'Oiseau se ressemblent beaucoup plus qu'ils ne ressemblent à celui du Crocodile. On arriverait à la même conclusion en examinant les os de la cuisse, de la jambe et des pattes.

55. *Les Reptiles volants*. — Si étrange que cela puisse paraître, il y avait, pendant les temps secondaires, des Reptiles capables de s'élever dans les airs.

Fig. 129. — Squelette de Ptérodactyle (1/5 environ de la grandeur naturelle).

On leur a donné le nom de *Ptérodactyles* ([1]) qui rappelle leur caractère principal, celui d'avoir des ailes membraneuses comme les Chauves-Souris, mais soutenues par un

([1]) Du grec *pteron*, aile, *dactylos*, doigt.

seul doigt, tandis que, chez les Chauves-Souris, quatre doigts
s'allongent pour supporter l'aile, à la manière des baleines
d'un parapluie.

Les Ptérodactyles ont été d'abord des animaux tout petits ;
plus tard, ils ont grandi ; parmi les derniers venus, certains
avaient 8 mètres d'envergure. On n'a trouvé, avec leurs

Fig. 150. — Restauration
du Rhamphorhynque
(d'après Zittel).

squelettes, ni empreintes de plumes
ni traces d'écailles. On peut donc
supposer que la peau de ces curieux
animaux était à peu près nue.

Tous sont remarquables par la
grosseur de la tête, la longueur du
cou et l'exiguïté relative du corps.
Les os présentaient des cavités pneu-
matiques comme ceux des Oiseaux.
Le grand anatomiste anglais, Richard
Owen, parlant du crâne des Ptérodactyles a dit : « Aucun organe de
Vertébré n'est construit avec plus
d'économie de matériaux, avec un
arrangement et une connexion d'os
plus complètement adaptés pour
combiner la légèreté avec la force. »

Certains Ptérodactyles étaient privés de queue ; d'autres en
avaient une très longue, terminée par une expansion membra-
neuse de forme lancéolée qui a été bien conservée par la fossilisation (fig. 150).

Il est curieux de voir que l'adaptation à la fonction du vol
s'est faite, au moyen des mêmes os, de trois façons fort différentes dans trois grandes classes de Vertébrés : les figures 151
à 155 représentent les os d'une aile de Reptile (Ptérodactyle),

d'une aile de Mammifère (Chauve-Souris) et d'une aile d'Oiseau (Aigle).

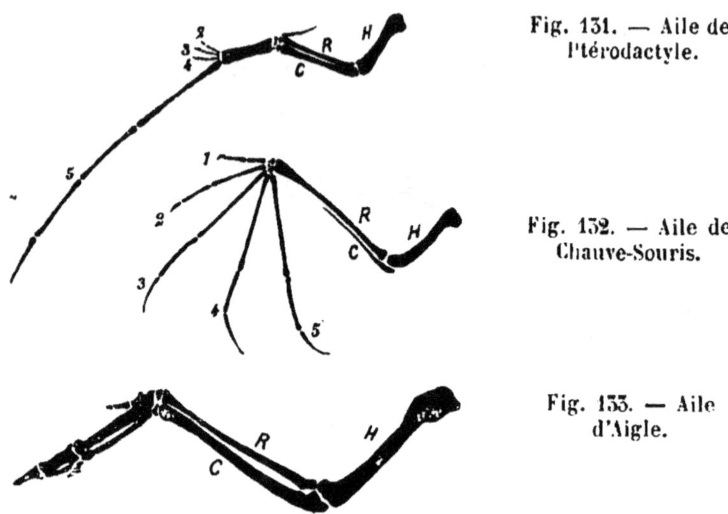

Fig. 131. — Aile de Ptérodactyle.

Fig. 132. — Aile de Chauve-Souris.

Fig. 133. — Aile d'Aigle.

Dans ces figures : *H*, humérus ; *R*, radius ; *C*, cubitus ; 1, 2, 3, 4, 5, premier, deuxième, troisième, quatrième et cinquième doigts.

36. **Les premiers Oiseaux**. — Vers le milieu des temps secondaires, quelques Oiseaux se montrèrent à côté des Reptiles volants. On n'en connaît que deux exemplaires trouvés dans des carrières de calcaire lithographique à Solenhofen en Bavière. Le premier appartient au Musée d'histoire naturelle de Londres, le second a été payé 25 000 francs par le Musée de Berlin (fig. 134). On a donné à ces fossiles le nom d'*Archéoptéryx* (¹). Ils offrent un mélange curieux de caractères d'Oiseaux et de Reptiles.

L'Archéoptéryx était un oiseau véritable par la forme générale de son corps et par son plumage, qui a été admirablement conservé (fig. 134 et 135). Mais il avait des dents et ce seul caractère suffirait à le distinguer de tous les oiseaux actuels. La partie postérieure du corps, au lieu d'être disposée en *croupion*, se continuait par une longue queue, formée de

(¹) Du grec *archaios*, ancien, *pterux*, aile,

20 vertèbres, analogue à celle des Lézards, mais garnie de plumes. Les ailes étaient établies sur le plan des ailes d'Oiseaux, mais les os des doigts, au lieu d'être confondus pour former une sorte de moignon, restaient séparés et se terminaient par des griffes, de sorte que les mains servaient à la

Fig. 154. — Archéoptéryx du Musée de Berlin
(1/7° environ de la grandeur naturelle).

fois pour le vol, comme chez les Oiseaux, et pour la préhension, comme chez les Reptiles.

Il est intéressant d'observer que la plupart de ces caractères *reptiliens* se voient sur les embryons ou les petits de certains Oiseaux actuels. Chez les jeunes Autruches, la queue est composée d'un grand nombre de vertèbres. Il y a au Brésil un Gallinacé, l'Hoactzyn, dont le jeune a aux ailes des griffes qui lui permettent de s'accrocher et de grimper aux arbres. Cela ne fait que confirmer l'étroite parenté des Reptiles et des Oiseaux.

L'évolution des Oiseaux s'est faite progressivement. L'Archéoptéryx est de la période jurassique. Plus tard, vers la fin des temps secondaires, pendant la période crétacée, les Oiseaux

Fig. 135. — Restauration de l'Archéoptéryx, d'après Andreae
(1/4 environ de la grandeur naturelle).

ne différaient guère des types actuels que parce qu'ils avaient conservé les dents de l'Archéoptéryx.

Tels sont l'*Hespérornis* (¹) (fig. 156) et l'*Ichthyornis* (²) dé-

(¹) Du grec *hespera*, occident et *ornis*, oiseau.
(²) Du grec *ichthus*, poisson et *ornis*, oiseau, preuve que cet animal avait des vertèbres concaves comme celles des Poissons.

couverts en Amérique. Le premier avait ses ailes atrophiées,
comme les Autruches;
le second était bon
voilier. Il aimait à
planer dans les airs, à
suivre une course ra-
pide à fleur d'eau ou
à plonger pour saisir
les Poissons dont il
faisait sa nourriture.

**57. *Les premiers
Mammifères*.** — Au
moment où les grands
Reptiles dominaient
toute la création, il y
avait, sur certains
points des continents,
des êtres très diffé-
rents, au sang chaud,
au corps couvert de

Fig. 156. — Squelette de l'Hespérornis, oiseau
denté du Crétacé d'Amérique (hauteur vraie :
1 mètre).

poils, qui allaitaient leurs petits avec des mamelles ; mais ces
premiers *Mammi-
fères* étaient chétifs
et clairsemés.

Les quelques dé-
bris qu'on a trouvés
dans les terrains se-
condaires (fig. 157)
dénotent des ani-

Fig. 157. — Mâchoire inférieure d'un petit Mammifère de l'ère secondaire (grandeur naturelle).

maux de petite taille, de la grosseur moyenne d'un rat.
Ils offrent les caractères des Mammifères inférieurs ou Marsupiaux.

58. *Résumé et conclusions*. — Le monde animé, envisagé dans son ensemble, a fait de grand progrès pendant l'ère
secondaire.

Les océans sont devenus d'immenses laboratoires de vie où naissent continuellement des formes nouvelles. Les Invertébrés marins ont augmenté en nombre, en diversité, en puissance. Les Échinodermes ne sont presque plus fixés au sol. De grands Crustacés, des légions innombrables de Céphalopodes, admirablement organisés pour la préhension et la locomotion, se meuvent en toute liberté à la recherche de leur nourriture ou à la poursuite de leur proie. Les Poissons ganoïdes, gênés dans leur épaisse cuirasse, sont peu à peu remplacés par des Poissons à colonne vertébrale bien ossifiée, au corps plus souple et plus agile. Des Ichthyosaures, des Plésiosaures, des Mosasaures prennent leurs ébats à la surface des flots. Ce développement de l'activité physique est bien caractéristique des temps nouveaux.

Sur les continents, la vie a pris un essor non moins prodigieux. Le groupe des Batraciens, après avoir atteint au Trias sa plus grande puissance, a été supplanté par la nombreuse et formidable cohorte des Dinosauriens, les Rois de la création secondaire. Les Reptiles représentent le type moyen des Vertébrés comme l'ère secondaire est l'ère moyenne de la Terre.

Les classes supérieures des Oiseaux et des Mammifères ont fait leur apparition, mais leurs représentants, très clairsemés, ont encore des caractères primitifs qui révèlent leur origine.

Ces changements ne se sont pas faits brusquement. C'est graduellement que le monde primaire est devenu le monde secondaire. Le Trias présente un mélange de types primaires et de types secondaires; le Jurassique a un caractère bien spécial; le Crétacé annonce une ère nouvelle par l'introduction de formes de vie qui vont s'épanouir pendant les temps tertiaires.

QUATRIÈME CONFÉRENCE

LES ANIMAUX TERTIAIRES ET QUATERNAIRES

59. *Caractères généraux des ères tertiaire et quaternaire.* — Le monde animé de l'ère tertiaire se rapproche de plus en plus du monde actuel. Les Ammonites, les Bélemnites, les Reptiles géants ont disparu.

Maintenant ce sont les Mammifères qui règnent sur la terre ferme, tandis que les mers nourrissent une faune d'Invertébrés ne différant de la faune actuelle par aucun caractère essentiel. Par cette raison l'ère tertiaire est dite également ère *caïnozoïque* (1).

Les changements géographiques survenus durant l'ère tertiaire n'ont été qu'une longue préparation à l'établissement de la géographie actuelle. Au début, la distribution des terres et des mers, ainsi que le relief des parties émergées, étaient bien différents de ce qu'ils sont aujourd'hui (2). Peu à peu les principales chaînes de montagnes se sont formées, d'abord les Pyrénées, puis les Alpes, l'Himalaya, etc.; le sol du continent européen s'est soulevé; les mers se sont retirées dans leurs limites actuelles.

Ces mouvements de sol furent accompagnés de grands phénomènes volcaniques, notamment dans le Plateau central de la France.

Le climat de l'ère tertiaire était moins chaud que celui de l'ère secondaire. Un refroidissement s'observe dès le Crétacé supérieur; des zones concentriques se forment autour des pôles jusqu'à l'équateur, à partir duquel la température va en

(1) Du grec *kaïnos*, nouveau, et *zôon*, animal, ère des animaux nouveaux.

(2) Voy. *Conférences de Géologie*, pl. V.

décroissant. Mais le refroidissement général étant progressif, chacune de ces zones est beaucoup plus chaude que la zone correspondante actuelle.

Tandis que la température moyenne annuelle de la France est actuellement de 11°, l'étude des plantes fossiles nous apprend qu'elle était de 25° pendant l'Eocène. Avec l'Oligocène l'influence des hivers commence à se faire sentir; la température moyenne peut être évaluée à 22°. Au Miocène, les hivers sont encore doux, mais la température moyenne n'est plus que

Fig. 158. — Nummulite entière et coupée par le milieu pour montrer sa structure interne (grandeur naturelle).

d'environ 18°. Au Pliocène, elle s'abaisse à 14 degrés dans la plaine, et il fait froid dans les montagnes. Celles-ci, encore jeunes, à peine dégradées par les agents atmosphériques, sont plus élevées qu'aujourd'hui. Aussi voyons-nous, dès cette époque, les glaciers prendre naissance sur les sommets des Alpes, des Pyrénées, des grands volcans de l'Auvergne, et descendre fort bas vers la plaine.

Le monde quaternaire est presque le monde actuel. La faune comprend à peu près les mêmes animaux, la flore les mêmes plantes. Mais leur distribution géographique est un peu différente. La géographie terrestre a aussi pris, graduellement, un aspect tout à fait voisin de celui qu'elle présente aujourd'hui.

Cependant un grand phénomène caractérise l'ère quaternaire, l'apparition de l'Homme, ou plutôt sa présence clairement constatée pour la première fois. Aussi lui donne-t-on parfois le nom d'ère *anthropique* (¹).

____

(¹) Du grec *anthropos*, homme.

Les animaux quaternaires sont les descendants directs des animaux des temps tertiaires. Les deux faunes diffèrent si peu qu'il y a tout avantage à ne pas séparer leur étude.

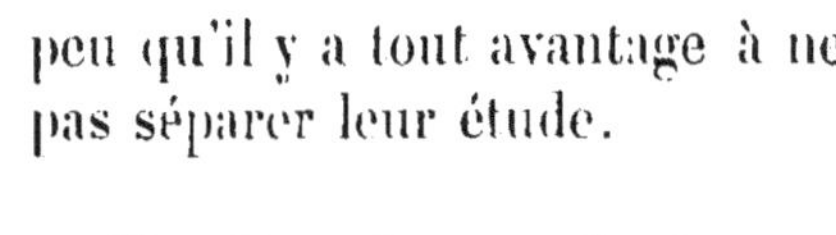

40. *Les Invertébrés.* —

Dès le début de l'ère tertiaire, l'évolution des Invertébrés est à peu près terminée.

Parmi les *Protozoaires*, quelques Foraminifères, de taille géante, aujourd'hui disparus, jouent pourtant un rôle considérable dans les premières mers tertiaires. Ce sont les *Nummulites* (¹) qui ressemblent à des pièces de monnaie. Si l'on fend

Fig. 140. — Fourmi conservée dans un morceau d'ambre des terrains tertiaires (double de la grandeur naturelle).

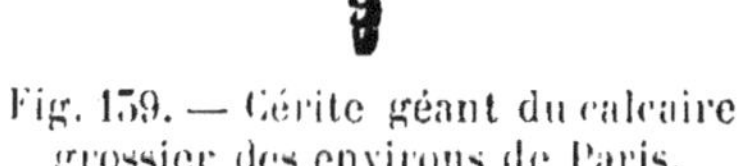

Fig. 139. — Cérite géant du calcaire grossier des environs de Paris.

une Nummulite, l'intérieur apparaît composé d'une multitude de petites loges disposées en spirales et communiquant les unes avec les autres par des orifices (fig. 138). A l'état vivant, toutes ces loges étaient remplies de protoplasma.

(¹) Du latin *nummus*, pièce de monnaie, et du grec *lithos*, pierre.

Les Nummulites étaient si abondantes dans les mers éocènes qu'elles forment aujourd'hui des terrains entiers. Il en est de

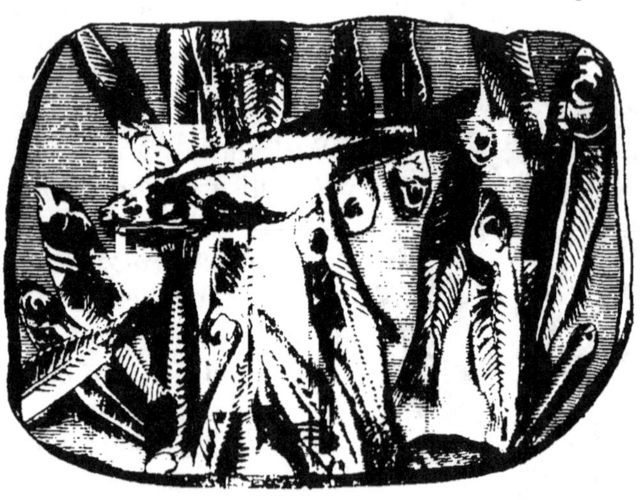

Fig. 141. — Plaquette de calcaire tertiaire sur laquelle se trouvent de nombreux squelettes de *Lebias* (grandeur naturelle).

toutes les tailles, depuis la grosseur d'une tête d'épingle jusqu'aux dimensions d'une pièce de 5 francs. Les diverses espèces, cantonnées à certains niveaux, sont d'un grand secours pour le géologue qui étudie les terrains tertiaires marins.

Les *Zoophytes* n'ont rien de remarquable. Les Coraux ont continué leur mouvement de retraite vers les mers tropicales.

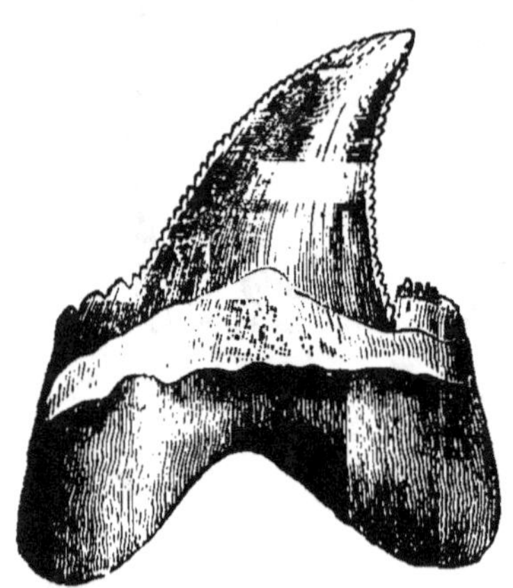

Fig. 142. — Dent de Carcharodon 1/2 environ de la grandeur naturelle).

Les *Brachiopodes* ont encore diminué; dans l'ère tertiaire, comme dans la nature actuelle, leur rôle est très effacé.

Les *Mollusques* sont aussi très semblables aux Mollusques

actuels. Les Céphalopodes ont perdu leur importance. C'est maintenant le règne des Lamellibranches et des Gastéropodes;

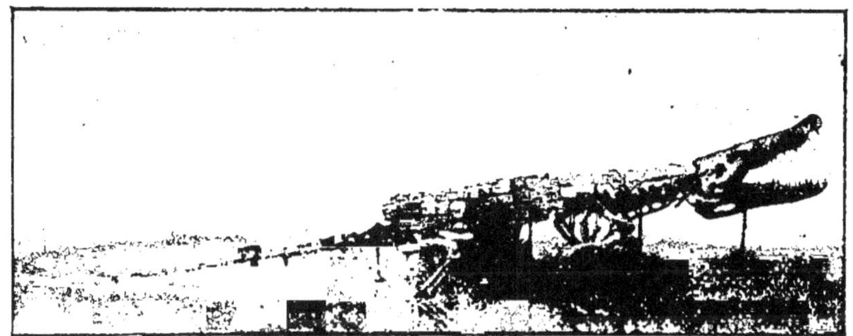

Fig. 143. — Crocodile trouvé dans le calcaire tertiaire des environs de Vichy (longueur vraie : 1ᵐ,80). — Galerie de Paléontologie du Muséum de Paris.

leurs coquilles sont très abondantes dans tous les terrains tertiaires ou quaternaires d'origine marine. Les *Cérites* comptent parmi les fossiles les plus communs des couches tertiaires des environs de Paris. Le Cérite géant avait

Fig. 144. — Squelette de Râle dans la pierre à plâtre de Paris (1/2 de la grandeur naturelle).

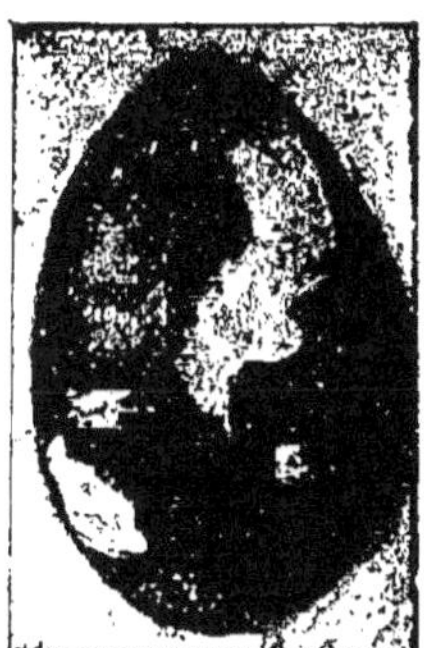

Fig. 145. — Œuf d'oiseau dans un morceau de calcaire tertiaire d'Auvergne (1/2 grandeur naturelle).

une coquille de 50 centimètres de longueur (fig. 159). Les *Crustacés* ne diffèrent pas non plus des types actuels. Quant aux *Insectes*, ils ont progressé avec les Plantes auxquelles leur sort est en partie lié. Comme nous avons maintenant toutes sortes de végétaux à fleurs et à nectar, nous avons aussi beaucoup de Fourmis, d'Abeilles et de Papillons. L'ambre, qui est une résine fossile, produite par un Pin tertiaire, renferme souvent, englués dans cette résine, des Insectes d'une conservation admirable (fig. 140).

Fig. 146. — Empreinte d'une plume d'oiseau sur un morceau de marne tertiaire des Basses-Alpes (1/2 de la grandeur naturelle).

41. Poissons, Batraciens, Reptiles. — Les Poissons osseux sont maintenant innombrables ; leurs squelettes, enfouis dans les terrains d'eau douce aussi bien que dans les terrains marins d'une foule de localités, montrent des formes très voisines des formes actuelles, ou même qui leur sont identiques (fig. 141).

Il y a beaucoup de Squales, notamment des Requins. A l'époque miocène, les mers tertiaires nourrissaient des Requins gigantesques qu'on a nommés *Carcharodons* (fig. 142).

Les *Batraciens* ressemblent également à ceux d'aujourd'hui.

Les grands *Reptiles* des temps secondaires sont définitivement éteints. Il n'y a plus que des représentants des groupes actuels, c'est-à-dire des Lézards, des Tortues, des Crocodiles. La distribution géographique de ces animaux a été, surtout au début, fort différente de

Fig. 147. — Œuf de Poule à côté d'un œuf d'Epyornis.

la distribution actuelle. Pendant l'Oligocène, les lacs et les rivières de France étaient peuplés de Tortues et de Crocodiles (fig. 143). Il y avait aussi de nombreux Serpents.

42. Oiseaux. — Les *Oiseaux* achèvent également leur

évolution. Dans la pierre à plâtre de Paris, on trouve des squelettes de Grues, de Cigognes, de Perdrix, etc. (fig. 144). En Auvergne, les calcaires oligocènes, d'origine lacustre, des environs de Vichy, de Gannat, du Puy, etc., renferment à profusion des ossements de Canards, de Flamants, d'Ibis, de Perroquets, d'Aigles, etc. On retrouve même les œufs (fig. 145)

Fig. 148. — Squelette de Dinornis (le personnage humain placé à côté est à la même échelle).

et les plumes (fig. 146) de ces oiseaux dans un état de conservation véritablement étonnant.

Les Autruches et les Casoars sont les plus grands oiseaux de l'époque actuelle. Dans les terrains les plus récents de certains pays on a découvert les squelettes d'oiseaux plus grands encore.

Tels sont les *Dinornis* ([1]) de la Nouvelle-Zélande et les *Æpyornis* ([2]) de Madagascar.

([1]) Du grec *demos*, redoutable, et *ornis*, oiseau.
([2]) Du grec *aipus*, haut, élevé, et *ornis*, oiseau.

Les premiers étaient représentés par plusieurs espèces dont l'une atteignait 5^m,50 de hauteur (fig. 148). Les seconds n'étaient pas moindres; leurs œufs avaient une capacité de 8 à 10 litres (fig. 147). L'extinction de ces curieuses créatures ne saurait être très ancienne, car leur souvenir est resté dans les traditions des Malgaches aussi bien que des Néo-Zélandais. La disparition des Dinornis date de la fin du xviiie siècle.

45. *Mammifères*. *De l'intérêt que présente leur étude*. — Dès le début des temps tertiaires, le développement des Mammifères prend un essor extraordinaire.

Leur étude est du plus haut intérêt, tant au point de vue pratique qu'au point de vue théorique.

Tandis que les Invertébrés sont maintenant fixés et n'offrent plus beaucoup de ressources pour classer les terrains, les Mammifères subissent de continuels changements et fournissent pour cette raison aux géologues d'excellents fossiles caractéristiques.

Au point de vue théorique ou philosophique, les Mammifères fossiles nous apprennent mieux que les autres groupes d'animaux la manière dont se sont effectuées les transformations du monde animé, car les moindres modifications se reflètent sur les squelettes conservés par la fossilisation.

Cette étude conduit à d'importants résultats. Elle nous apprend que les Mammifères n'ont pas apparu tels que nous les voyons aujourd'hui, mais qu'ils se sont différenciés peu à peu, suivant un ordre progressif. Elle nous montre que, loin d'être isolés comme dans la nature actuelle, les divers types ont été reliés entre eux par de nombreuses formes intermédiaires: qu'il y a, suivant l'expression de M. Albert Gaudry, des « enchaînements » entre les espèces d'un même genre, entre les genres d'une même famille, entre les familles d'un même ordre et entre les ordres eux-mêmes. Elle apporte ainsi, en faveur de la théorie de l'évolution, des arguments d'une valeur exceptionnelle.

Dans les *Conférences de géologie*, j'ai donné quelques renseignements sur les Mammifères fossiles en les présentant par faunes successives. Ici nous allons esquisser l'histoire des groupes de Mammifères les plus importants en montrant leurs enchaînements.

44. *Les types inférieurs des premiers temps tertiaires.* — Les Marsupiaux ou Didelphes représentent un degré inférieur dans l'échelle des Mammifères. Nous avons déjà constaté leur présence dans les terrains secondaires. Ils sont encore nombreux dans les premiers temps de l'ère tertiaire. Cuvier a découvert, dans les gypses de Montmartre, une Sarigue très voisine des Sarigues actuelles ([1]) (fig. 149).

Les Marsupiaux primitifs ont eu trois destinées : 1° les uns se sont continués jusqu'à nos jours ; ils habitent surtout l'Australie ; 2° d'autres ont disparu ; 3° il est possible, nous le verrons tout à l'heure, que les derniers soient devenus des Carnivores placentaires.

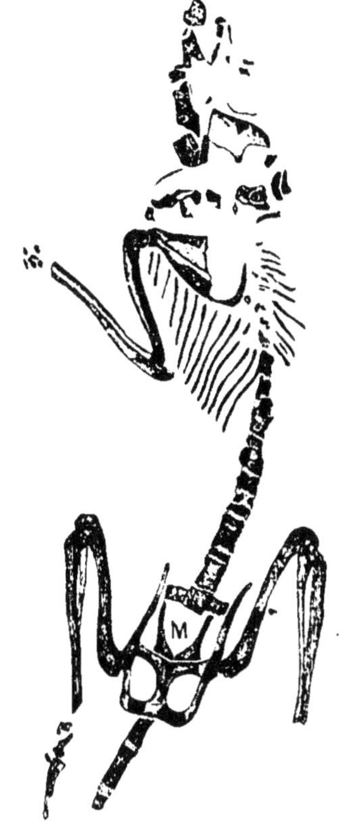

Fig. 149. — Sarigue fossile de Montmartre. Échantillon de Cuvier. *M*, os marsupiaux (aux 2/3 de la grandeur naturelle).

45. *Les formes synthétiques des premiers temps tertiaires.* — A côté des formes primitives, ou Didelphes, vivaient d'autres Mammifères, déjà placentaires, mais présentant un tel mélange de caractères qu'il est impossible de les faire rentrer dans aucun des ordres

([1]) Un jour Cuvier reconnut, sur un morceau de pierre à plâtre de Montmartre, une petite mâchoire fossile avec des dents rappelant celles des Sarigues. Pour vérifier une fois de plus la loi de connexion des organes (voy. p. 15) il réunit quelques amis et, creusant la pierre devant eux, il mit à nu les os marsupiaux qui, chez les Sarigues actuelles, soutiennent la poche où s'abritent les petits.

actuels; ce sont des types *synthétiques*. Les uns se sont transformés peu à peu en des formes se rapprochant des Mammifères actuels, les autres se sont éteints sans laisser de postérité. Je citerai un exemple de chacune de ces catégories.

Les naturalistes, qui admettent l'hypothèse de l'évolution des êtres, peuvent, avec les seules lumières de l'anatomie com-

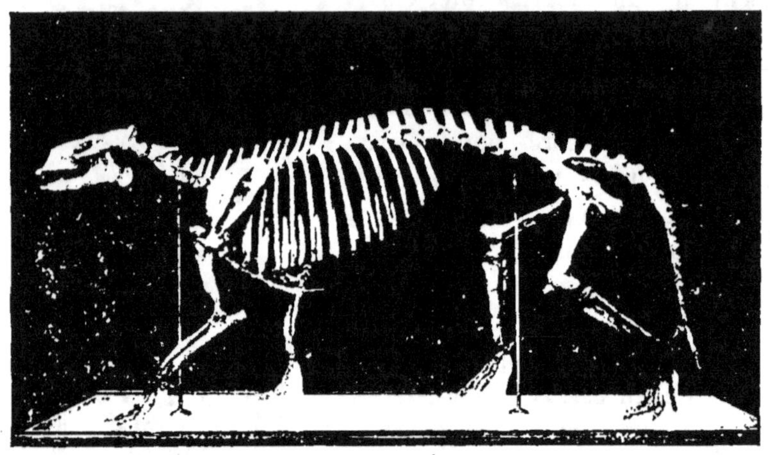

Fig. 150. — Squelette de *Phenacodus* au Musée de New-York
(longueur vraie : 1ᵐ, 50).

parée et de l'embryologie, concevoir les caractères que devaient présenter les Mammifères avant qu'ils ne fussent spécialisés comme aujourd'hui. Le *Phenacodus* (¹), qui vivait au début de l'ère tertiaire, aussi bien en Europe qu'en Amérique, réalise à peu près cette conception des naturalistes.

Ce Mammifère, découvert par le paléontologiste américain Cope, présente, en effet, un certain nombre de caractères aussi remarquables par leur mélange que par leur simplicité. Le *Phenacodus* ne dépassait pas la taille d'un Loup. Son crâne ressemble à celui d'un Pachyderme; le cerveau était très réduit. Le nombre des dents est tout à fait normal; les molaires offrent une couronne formée par des tubercules. Ses

(¹) Du grec *phenax*, *phenakos*, trompeur, *odous*, *odontos*, dent, animal à dents trompeuses.

membres réunissaient des caractères de Carnassier, de Rhinocéros ou de Cheval. Les pattes étaient formées de 5 doigts, sans ongles aigus.

Un paléontologiste conçoit sans peine les modifications au moyen desquelles les formes fossiles ou vivantes d'Ongulés ont pu dériver de ce type. Effectivement, autour du *Phenacodus* se groupent d'autres genres qui, avec des caractères légèrement différents, indiquent une tendance plus accusée vers tel ou tel des ordres actuels.

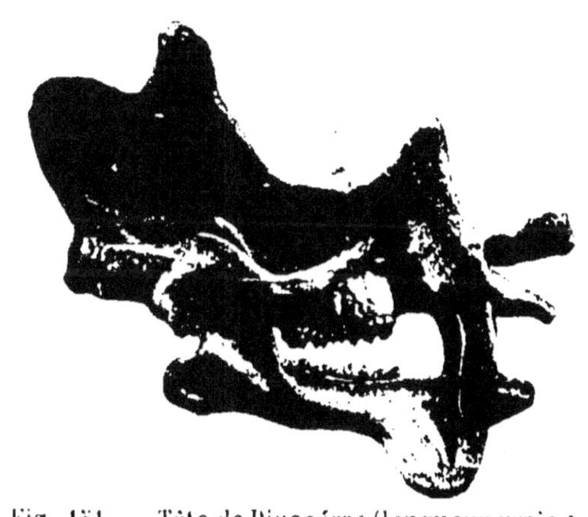

Fig. 151. — Tête de Dinocéras (longueur vraie : 0ᵐ,70). Galerie de Paléontologie du Muséum.

Le *Dinocéras* (¹), découvert dans les Montagnes Rocheuses, n'est pas moins remarquable. C'est déjà un Mammifère de grande taille. Sa tête rappelle celle des Rhinocéros ; surmontée de six protubérances ou noyaux de cornes disposés par paires comme chez les Ruminants, elle était armée de canines en forme de poignard, ressemblant à celles du *Machairodus* (v. p. 122). Son corps, lourd comme celui des Éléphants, reposait sur des pattes à 5 doigts, terminés par des sabots.

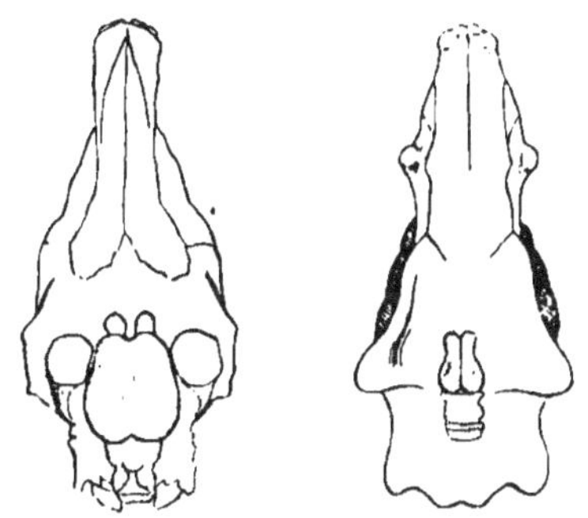

Fig. 152 et 153. — A gauche, crâne et cerveau de Cheval ; à droite, crâne et cerveau de Dinocéras. Les cerveaux sont figurés en gris.

La grosse tête du *Dinocéras* logeait un tout petit cerveau,

(¹) Du grec *deinos*, redoutable, *keras*, corne.

Boule. — Conférences de Paléontologie.

ressemblant plutôt à un cerveau de Reptile qu'à un cerveau de Mammifère. On peut en juger par l'examen des figures 152 et 155, où l'on a représenté le cerveau du *Dinocéras* en place dans le crâne du même animal, à côté du cerveau et du crâne d'un Cheval. Nous avons déjà observé un fait analogue pour les Reptiles secondaires. Les divers groupes de Vertébrés ont commencé par avoir de petits cerveaux.

Le *Coryphodon* représente, en Europe, une forme très voisine des Dinocéras américains; ses restes se rencontrent dans l'Éocène des environs de Paris.

Ces animaux se sont éteints de bonne heure sans laisser de postérité. On ne les trouve qu'à un seul niveau des couches tertiaires.

46. Pachydermes. - - Cuvier a réuni, sous le nom de Pachydermes, les Mammifères à peau épaisse, à membres lourds, à sabots, tels que les Rhinocéros, les Tapirs, les Hippopotames, les Cochons. Mais il faut les diviser en deux groupes :

1° Les Pachydermes à doigts impairs, ou *Imparidigités* ou *Perissodactyles* ([1]);

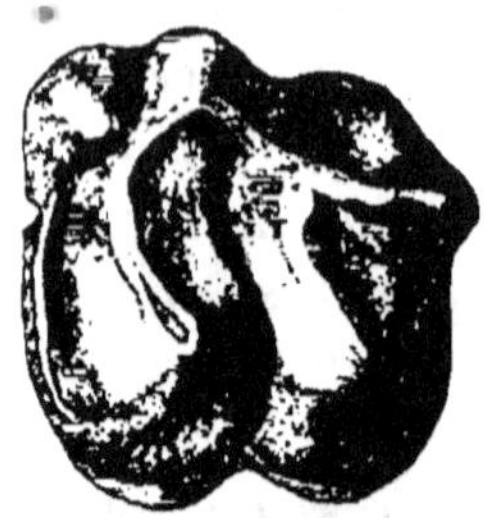

Fig. 154. — Molaire supérieure de Lophiodon (3/4 de la grandeur naturelle).

2° Les Pachydermes à doigts pairs, ou *Paridigités*, ou *Artiodactyles* ([2]).

D'un autre côté, il y a, dans la nature actuelle, deux autres ordres importants de Mammifères à sabots qui paraissent, au premier abord, très différents des premiers.

Les *Solipèdes* ou Chevaux.
Les *Ruminants* (Cerfs, Antilopes, Bœufs, etc.).

Or, la Paléontologie nous apprend que les Solipèdes se rattachent directement aux Pachydermes à doigts impairs et les Ruminants aux Pachydermes à doigts

([1]) Du grec *perissos*, impair, *dactulos*, doigt.
([2]) Du grec *artios*, pair, *dactulos*, doigt.

pairs, de sorte que les relations de ces divers groupes peuvent être représentées, schématiquement, de la manière suivante :

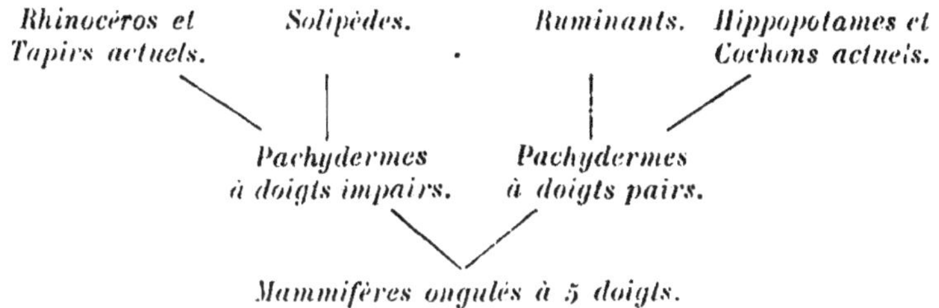

Nous allons montrer leurs enchaînements.

47. *Pachydermes à doigts impairs*. — Ils ne comprennent aujourd'hui que les Tapirs et les Rhinocéros. Dans les temps géologiques, on trouve des formes qui paraissent s'être transformées pour donner naissance aux animaux actuels et des formes qui se sont éteintes sans laisser de postérité.

Dès l'Éocène, nous voyons les *Lophiodons* ([1]), qui se rapprochaient beaucoup des Tapirs par leurs molaires composées de crêtes transversales (fig. 154) mais qui n'avaient pas la trompe des Tapirs actuels. Parmi ces Lophiodons, les uns n'ont guère changé, d'autres ont dû prendre peu à peu les caractères des Tapirs.

Le *Paléothérium* ([2]), type de Pachyderme à doigts impairs, caractérise certains terrains tertiaires et a disparu de bonne heure.

On sait que cet animal a été reconstitué par Cuvier au moyen d'ossements isolés trouvés dans les gypses de Paris, et avec une vérité confirmée par la découverte ultérieure de squelettes complets (fig. 155). Le Paléothérium ressemblait au Tapir par la forme générale du corps et de la tête; il se rapprochait

([1]) Du grec *lophia*, crête, et *odon*, dent.
([2]) *Palaios*, ancien, *thérion*, animal.

des Rhinocéros par ses dents. Comme ce dernier, il n'avait que 5 doigts, mais le doigt médian était beaucoup plus développé que les doigts latéraux (fig. 156).

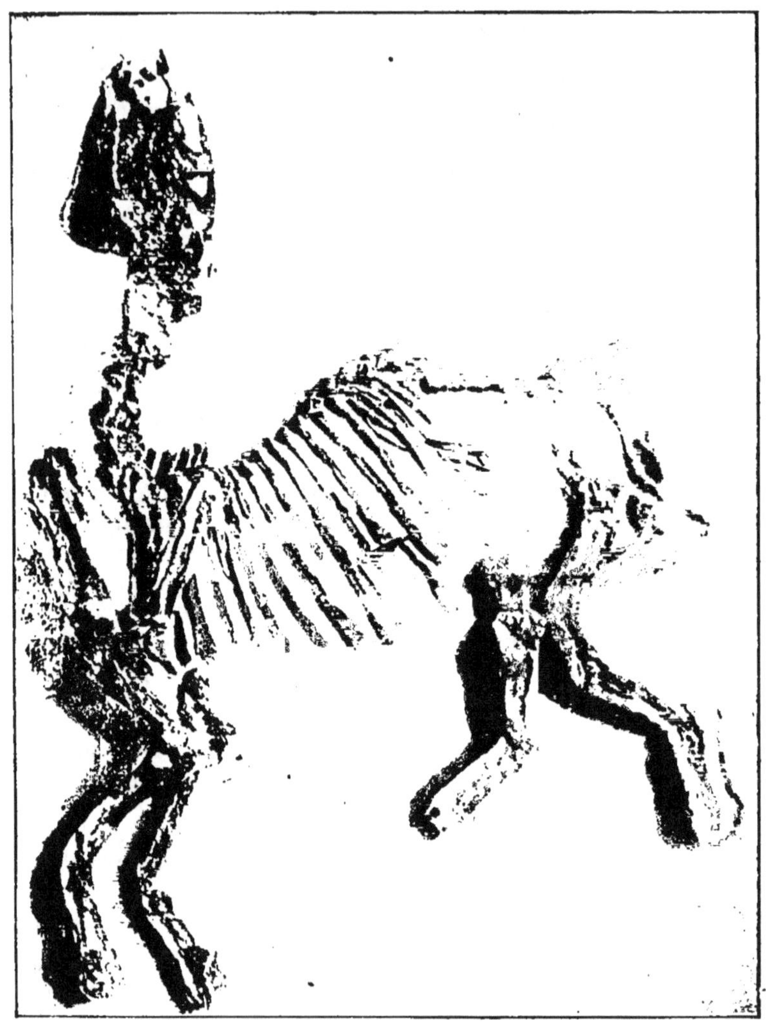

Fig. 155. — Squelette complet du grand Paléothérium trouvé dans une carrière de pierre à plâtre, à Vitry (Seine) (hauteur de la plaque : 2ᵐ,50). Galerie de Paléontologie du Muséum.

Les premiers Rhinocéros différaient notablement des Rhinocéros d'aujourd'hui. Ceux-ci ont des pattes à trois doigts et des os du nez solidement établis pour supporter une ou deux cornes suivant les espèces. Les plus anciens Rhinocéros avaient 4 doigts parce qu'ils n'étaient pas encore très éloignés de la souche originelle à 5 doigts. Ils étaient dépourvus de cornes, de sorte que les os du nez avaient une forme et des dimensions normales. On leur a donné pour cela le nom d'*Acérothé-*

Fig. 156. — Restauration du grand Paléothérium, fac-simile d'un dessin de Cuvier.

riums (¹). Puis ils ont à peu près perdu un autre doigt et les os du nez se sont peu à peu développés.

Après l'Acérothérium de l'Oligocène, aux os nasaux très faibles (fig. 157), est venu, lors du Miocène inférieur, une forme où ces os sont un peu plus développés (fig. 158). Dans le Miocène supérieur, il y a de vrais Rhinocéros portant une forte corne (fig. 159). A l'époque pliocène le développement des os du nez est tel qu'ils sont parfois renforcés par une cloison (fig. 160). Pendant l'ère quaternaire, il y avait un Rhinocéros où cette cloison s'est complétée (fig. 161).

Ce *Rhinocéros à narines cloisonnées* vivait avec le Mammouth, dont nous parlerons plus loin. Comme lui, et contrairement aux Rhinocéros actuels, qui sont des animaux de pays chauds, il avait une toison épaisse; des ca-

---

¹ Du grec *a*, privatif, *keras*, corne, *thérion*, animal.

davres de cet animal, avec la peau et les poils encore bien

Fig. 161. — Rhinocéros à narines
cloisonnées du Quaternaire de
la Sibérie.

Fig. 160. — Rhinocéros du
Pliocène de France et d'Italie.

Fig. 159. — Rhinocéros
du Miocène supérieur de Grèce.

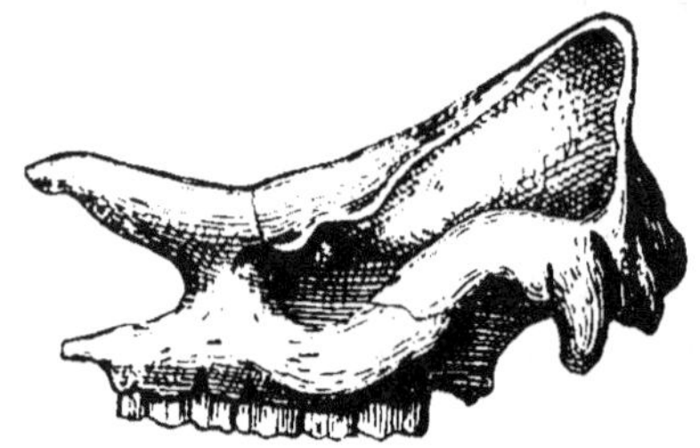

Fig. 158. — Rhinocéros
du Miocène inférieur d'Orléans.

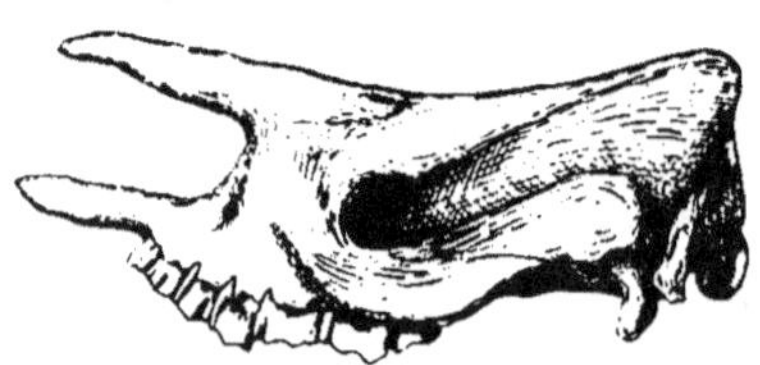

Fig. 157. — Rhinocéros
de l'Oligocène d'Auvergne.

Fig. 157 à 161. — Crânes de divers Rhinocéros fossiles
(1/15° environ de la grandeur naturelle).

conservés, ont été exhumés du sol glacé de la Sibérie.

48. *Origine et évolution des Chevaux, ou Solipèdes.*
— Les Chevaux, ou Solipèdes, sont des Mammifères très spécialisés : 1° pour courir; 2° pour manger de l'herbe. Toute leur anatomie converge vers ces deux fonctions principales.

1° Les Solipèdes étant des coureurs, leurs membres sont longs et fins, les pattes sont formées d'un seul doigt, ou *canon*, ce qui leur donne plus de solidité.

2° Les Solipèdes étant des herbivores, leurs molaires ont une couronne plate, disposée pour broyer et triturer les plantes molles, à la manière d'une râpe ou d'une meule; comme elles sont exposées à s'user rapidement, leur fût est très élevé.

Si les Chevaux ont fait l'objet d'une création indépendante, nous devons les voir apparaître brusquement; si au contraire ils sont le produit d'une longue évolution, nous devons, en remontant le cours des âges, retrouver une série de formes s'éloignant de plus en plus du type Solipède pour rentrer dans le type général de structure des Mammifères.

La Paléontologie nous apprend, en effet, que le type Solipède s'est graduellement constitué. Les découvertes effectuées tant en Amérique qu'en Europe ont fait voir comment des animaux à 5 doigts ont pu devenir des animaux à un seul doigt et comment des dentitions omnivores ont pu se transformer peu à peu en dentitions herbivores.

Dans l'Éocène, le plus inférieur, nous trouvons le *Phenacodus*, déjà étudié, qui avait des molaires formées par 6 tubercules ou mamelons arrondis et des pattes à 5 doigts (fig. 162).

Le *Phenacodus* est suivi de près par d'autres animaux qui lui ressemblent beaucoup, tels que l'*Hyracothérium* (¹), le *Pachynolophus* (²), etc. Ils en diffèrent toutefois parce que les tubercules des molaires marquent une tendance à se fusionner et à se disposer en crêtes, tandis que la patte antérieure n'a plus que 4 doigts fonctionnels. Le premier a beaucoup

(¹) Ainsi nommé parce qu'on l'avait rapproché, à tort d'ailleurs, du Daman, ou *Hyrax*, petit Mammifère d'Afrique et d'Arabie.

(²) Du grec *pakuno*, je rends épais, *lophos*, crête, pour marquer l'épaississement des crêtes transverses des molaires.

7··

diminué, et comme le troisième est plus développé que les autres, ces animaux marquent une tendance vers les Imparidigités (fig. 163) ([1]).

Dans le Miocène inférieur, on trouve des animaux comme l'*Anchithérium* ([2]), où les crêtes des molaires sont bien accusées et où l'émail des dents, tout en respectant le dessin primitif, commence à se plisser. En même temps la patte antérieure ne présente plus que 5 doigts fonctionnels et un rudiment du 5e (fig. 164) ([3]).

Chez le *Protohippus* ([4]) du Miocène supérieur, le doigt médian a augmenté; les doigts latéraux ont diminué, ils ne touchent plus le sol. L'émail des dents s'est plissé davantage, son dessin est très voisin de celui des dents de chevaux; le fût des molaires est devenu plus élevé (fig. 165).

Enfin, pendant le Pliocène, le genre *Equus* est réalisé par une nouvelle diminution des doigts latéraux, qui ne sont plus que des stylets sans utilité. Les molaires ont un fût énorme; le dessin de leur couronne, très compliqué, garde toutefois le souvenir de sa disposition primitive (fig. 166).

Nous n'avons signalé que les principales formes allant du type primitif à 5 doigts au type Solipède. Les savants américains croient pouvoir distinguer 12 stades. Nous n'avons envisagé que les transformations des dents et des pattes. Mais des changements analogues, et aussi bien ordonnés, ont eu lieu pour les autres parties du squelette. On peut dire que la généalogie du Cheval est aujourd'hui connue dans ses grands traits.

Nous n'avons pas fait entrer, dans cette généalogie, un animal du Miocène supérieur, l'*Hipparion* ([5]) (fig. 167) qui avait encore 3 doigts comme le *Protohippus*; il s'éloi-

---

([1]) Les Américains ont donné les noms d'*Orohippus* et d'*Eohippus* à des stades voisins.

([2]) Du grec *agki*, auprès, *thérion*, animal, pour marquer sa ressemblance avec d'autres mammifères fossiles, tels que le Paléothérium.

([3]) C'est aussi les stades *Miohippus* et *Mesohippus* des Américains.

([4]) Du grec *protos*, premier, et *hippos*, cheval.

([5]) Mot grec qui veut dire *petit cheval*.

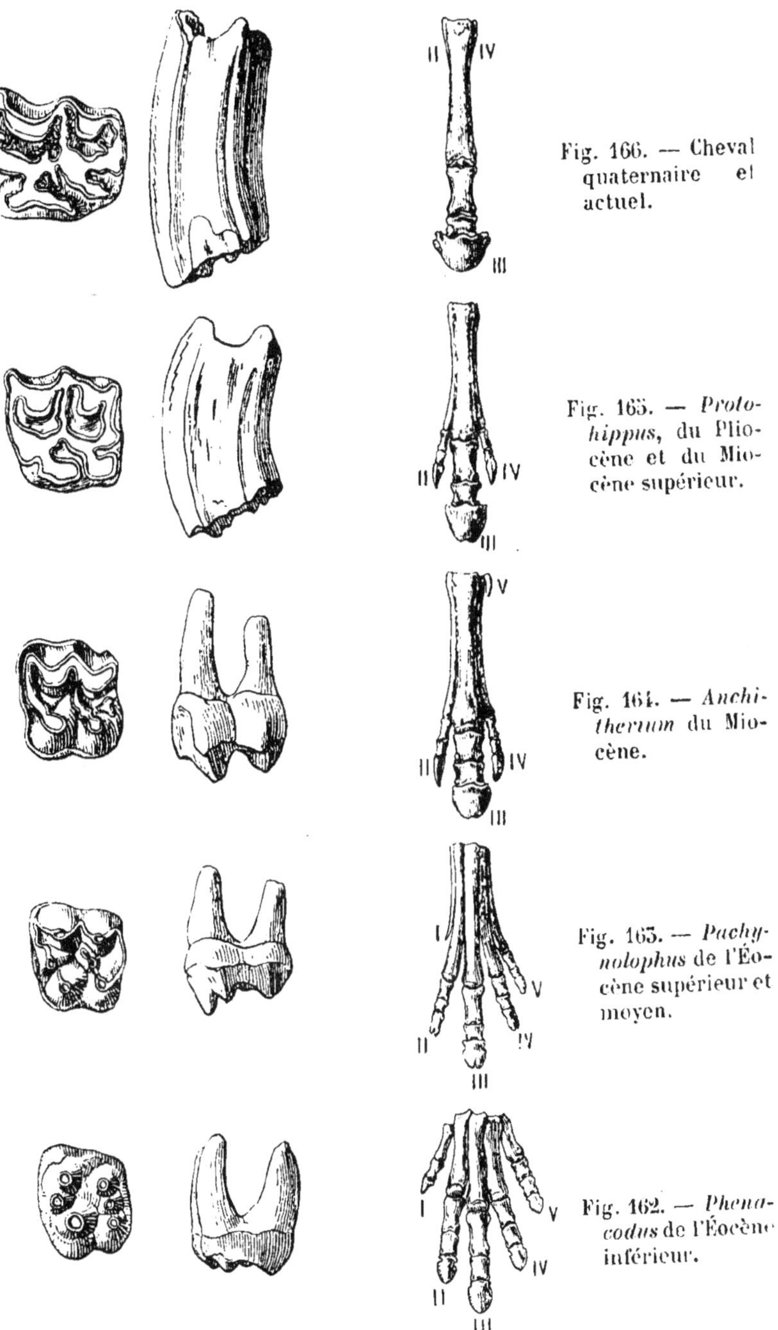

Fig. 166. — Cheval quaternaire et actuel.

Fig. 165. — *Protohippus*, du Pliocène et du Miocène supérieur.

Fig. 164. — *Anchitherium* du Miocène.

Fig. 163. — *Pachynolophus* de l'Éocène supérieur et moyen.

Fig. 162. — *Phenacodus* de l'Éocène inférieur.

Fig. 162 à 166. — Molaires supérieures (vues par la couronne et de profil) et pattes antérieures de divers Périssodactyles.

gne des Chevaux par certains caractères qui le font consi-

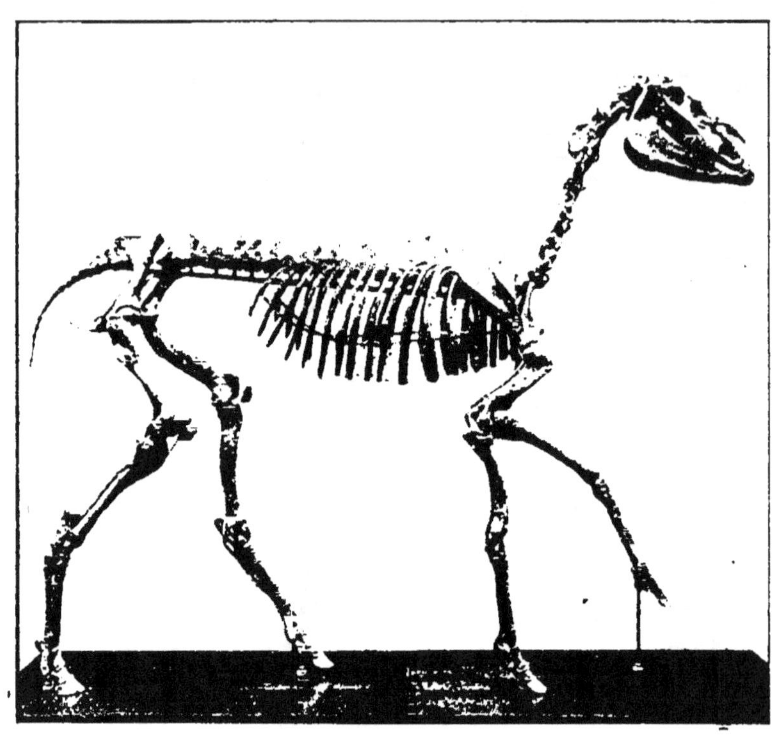

Fig. 167. — Squelette d'Hipparion trouvé à Pikermi (hauteur vraie : 1^m,50.)
Galerie de Paléontologie du Muséum.

dérer comme une branche latérale éteinte de bonne heure.
Le tableau suivant résume ces considérations :

QUATERNAIRE et ACTUEL. . . . . *Equus.*

PLIOCÈNE. . . . . *Equus.*

MIOCÈNE supérieur.. . . . . *Hipparion.*   *Protohippus.*

MIOCÈNE inférieur. . . . . *Anchitherium.*

Pachynolophus.

EOCÈNE.. . . . . *Hyracotherium.*

Phenacodus.

49. *Les Pachydermes à doigts pairs*. — Les Pachydermes à doigts pairs comprennent aujourd'hui les Cochons et les Hippopotames. Leurs caractères principaux sont d'avoir : des pattes composées de 4 doigts, des molaires à couronne mamelonnée pour broyer des fruits ou des tubercules, de grandes et fortes canines transformées en *défenses*.

Mais ces animaux ont été précédés par d'autres moins différenciés ou présentant des affinités avec d'autres groupes. C'est ainsi que, pendant l'Oligocène, il y avait des *Cebochœrus* ([1]) ainsi nommés parce que leur dentition rappelle à la fois celle des Cochons et des Singes. A la même époque, vivaient les *Anthracothériums* ([2]), qui avaient des mœurs analogues à celles des Sangliers, avec des dimensions plus considérables, mais dont les canines n'avaient

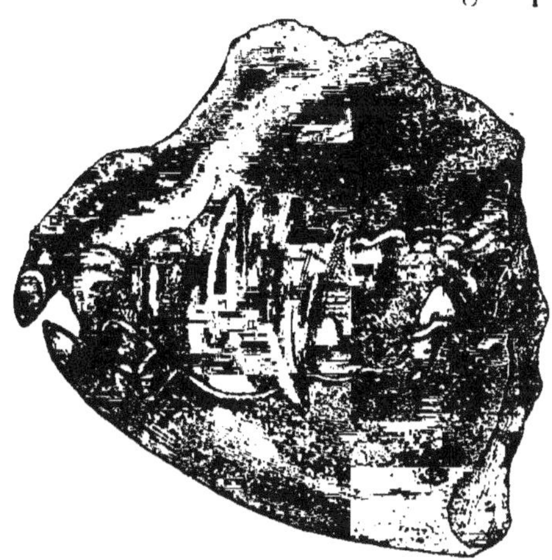

Fig. 168. — Museau d'Anthracothérium trouvé dans les calcaires oligocènes de l'Auvergne (1/4 environ de la grandeur naturelle).

pas encore acquis tout leur développement (fig. 168). C'est seulement aux temps miocènes que nous voyons de vrais Sangliers, ancêtres des Sangliers quaternaires et actuels.

Les Hippopotames ont paru vers la fin de l'ère tertiaire ; on trouve leurs débris dans les alluvions quaternaires de Paris.

L'*Anoplothérium* ([3]) du gypse de Montmartre restera cé-

([1]) Du grec *kebos*, singe, *choiros*, cochon.

([2]) Du grec *anthrax*, *anthrakos*, charbon, et *thérion*, animal, parce que les premiers restes de ce Mammifère ont été trouvés dans des terrains charbonneux.

([3]) Du grec *a* ou *an*, privatif, *oplon*, arme, *thérion*, animal, parce qu'il n'a pas de longues dents jouant le rôle de défenses.

lèbre dans la Paléhntologie parce que ses dents et ses pieds à doigts pairs ont fourni à Cuvier la preuve qu'il y avait autrefois de grands animaux absolument différents des nôtres.

50. *Origine et évolution des Ruminants*. — Les Ruminants jouent un grand rôle dans la nature actuelle. Ce sont les Cerfs, les Antilopes, les Moutons, les Chameaux, les Bœufs, etc. Comme les Chevaux, ils sont admirablement adap-

Fig. 169. — Restauration de l'*Anoplothérium* ; fac-simile du dessin de Cuvier.

tés pour courir et manger de l'herbe ; leurs molaires, au fût élevé, ont aussi une couronne plate, garnie de croissants d'émail et fonctionnant comme une râpe. Leurs pattes sont aussi formées par un *canon* ; mais, tandis que chez le cheval le canon est un os unique, chez les Ruminants il résulte de la soudure de deux os. On peut s'en assurer facilement en examinant les pattes d'un fœtus de Ruminant, où ces deux os ne sont pas encore soudés.

Les Ruminants actuels, sauf le Chameau, n'ont pas d'incisives supérieures, de sorte qu'ils ne peuvent pas mordre. Privés de ce moyen de défense, ils en ont acquis un autre, les cornes ou les bois, qui sont des prolongements osseux des frontaux.

De même que les élégants Solipèdes proviennent de Pachydermes massifs à doigts impairs, les bêtes légères, comme les Antilopes et les Cerfs, proviennent de lourds Pachydermes à doigts pairs.

Examinons brièvement comment se sont opérées les transformations des membres, des dents et des cornes.

L'*Oréodon* (¹) de l'Oligocène est un des premiers Ongulés qui possèdent des molaires de Ruminants. Mais il a encore 5 doigts ; le premier étant très réduit, le 3ᵉ et le 4ᵉ sont sensiblement égaux (fig. 170).

D'autres, ressemblant à l'*Hyæmoschus* (²) actuel, perdent

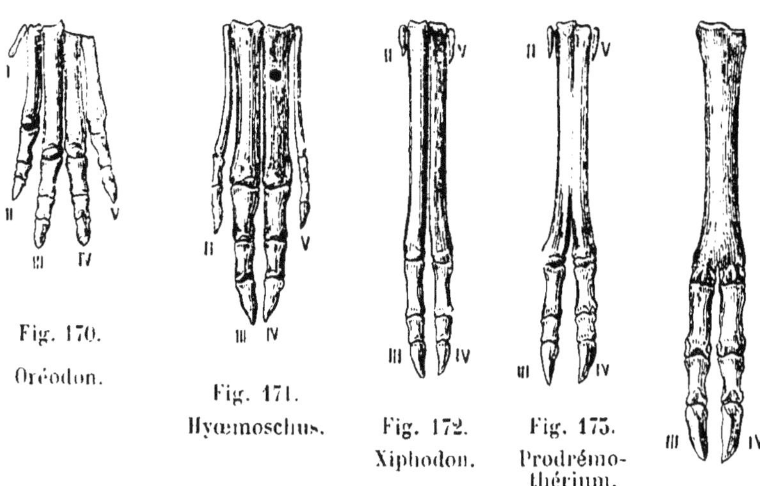

Fig. 170.

Oréodon.

Fig. 171.

Hyæmoschus.   Fig. 172.   Fig. 173.

Xiphodon.   Prodrémothérium.

Fig. 170 à 174. — Pattes de devant de divers Ruminants ; I, II, III, IV, V, premier, deuxième, troisième, quatrième et cinquième doigts.

Fig. 174.

Mouton actuel.

complètement le premier doigt ; les 2ᵉ et 5ᵉ diminuent, de sorte que les 3ᵉ et 4ᵉ deviennent prépondérants (fig. 171).

Le *Xiphodon* (³) et le *Gélocus* (⁴) marquent un degré de plus ; les deux doigts latéraux sont tout petits et les deux doigts médians prennent un développement énorme (fig. 172).

(¹) Du grec *oreos*, colline, *odon*, dent ; animal dont les dents présentent des collines.

(²) Du grec *us, uos*, cochon, et *moskos*, animal qui donne le musc.

(³) Du grec *xiphos*, épée, *odon*, dent, parce que cet animal avait certaines dents tranchantes.

(⁴) Du grec *Ge*, terre, *oikeo*, j'habite ; pour indiquer que cet animal avait des habitudes tout à fait terrestres.

Dans les *Prodrémothériums* (¹), les doigts médians ont commencé à se souder sur une partie de leur longueur (fig. 175). Dans les *Drémothériums*, d'un âge un peu plus récent, ils sont tout à fait soudés, le canon est réalisé, mais les doigts rudimentaires 2 et 5 sont encore libres, tandis que chez la plupart des Cerfs et chez les Antilopes, qui n'appa-

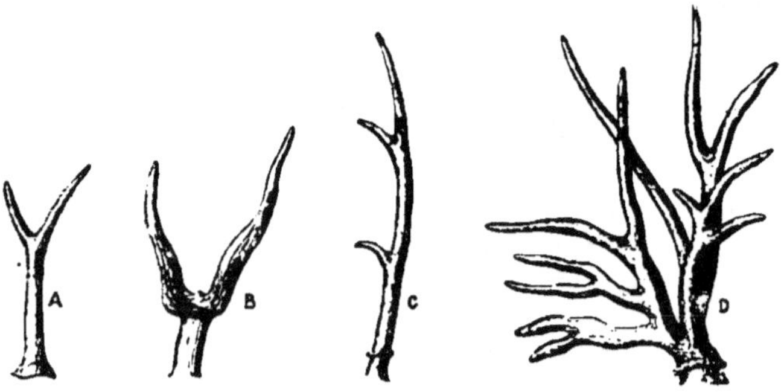

Fig. 175. — Bois de Cerfs ; A, du Miocène inférieur ; B, du Miocène moyen ; C, du Miocène supérieur ; D, du Pliocène.

raissent qu'au Miocène, ces stylets sont eux-mêmes soudés au canon (fig. 174).

C'est tout aussi graduellement que les molaires des Ruminants primitifs, encore basses et un peu coupantes, ont acquis des couronnes à surface plate et triturante, et ont augmenté de hauteur pour compenser leur plus rapide usure.

Les premiers avaient conservé des incisives ; aussi étaient-ils dépourvus de cornes. Celles-ci ne se montrent qu'au moment où les incisives disparaissent ; et leur importance a augmenté successivement. Les premières Antilopes ont eu des cornes toutes petites, puis sont venues d'autres Antilopes, aux cornes plus robustes ; les Bœufs, aux cornes énormes, n'ont apparu qu'au Pliocène.

Il en est de même des Cerfs (fig. 175). Les premiers (Miocène inférieur) n'avaient, en fait de bois, que de courtes tiges

----

(¹) De *pro*, devant, *dremo*, je cours, *thérion*, animal. Cet animal a précédé le *Drémothérium*, qui était un vrai coureur.

à peine bifurquées. Ceux du Miocène supérieur présentaient plusieurs andouillers. Au Pliocène, les bois se ramifient, et, au Quaternaire, nous avons des formes aux bois superbes, tels

Fig. 176. — Le Mégacéros (hauteur vraie : 2ᵐ,70)

que le *Mégacéros*(¹) ou grand Cerf aux bois gigantesques, aplatis comme ceux des Daims (fig. 176).

Plusieurs Ruminants, qui vivent encore, ont eu, autrefois, une répartition géographique différente de ce qu'elle est aujourd'hui.

(¹) Du grec *megas*, grand, *keras*, corne.

On trouve à profusion, dans nos terrains quaternaires, des ossements de *Bisons* et de grands *Taureaux*. On a rencontré, dans quelques dépôts, des restes de l'*Ovibos* appelé *Bœuf musqué*, qui n'habite plus que les contrées boréales.

Le *Bouquetin* et le *Chamois*, aujourd'hui confinés sur les

Fig. 177. — Le Renne actuel.

hautes cimes des Alpes et des Pyrénées, fréquentaient les plaines les plus basses pendant les périodes de froid.

Le *Renne* mérite d'être signalé d'une façon particulière (fig. 177). Cet animal, qui ne saurait vivre aujourd'hui en liberté au-dessous du 60e degré de latitude, était extrêmement répandu, dans toute la France, à un certain moment de l'ère quaternaire. On a reconnu ses ossements jusqu'aux environs de Perpignan et de Menton. Il a joué, dans la vie des premiers Hommes, un rôle que nous apprécierons dans la prochaine conférence.

51. *Les causes de l'évolution des Solipèdes et des Ruminants*. — L'évolution des Ruminants, comme l'évolution parallèle des Solipèdes, a eu pour cause des changements dans le régime de vie. Elle concorde avec les données géologiques et s'explique par elles.

Nous avons tout lieu de croire que, pendant la première moitié de l'ère tertiaire, au moment où il n'y avait que des animaux accusant simplement des tendances vers les Solipèdes ou vers les Ruminants, le sol était couvert d'arbrisseaux ou de plantes coriaces plutôt que d'une végétation herbacée. Il fallait à ces animaux des dents coupantes plutôt que triturantes.

A mesure que la végétation se modifiait, l'organisation de ces *Préruminants* et de ces *Présolipèdes* se modifiait aussi. Leurs dents devenaient plus triturantes et augmentaient de hauteur. En même temps, comme les Ruminants ou les Chevaux vivent en troupes et consomment de grandes quantités de nourriture, ils devaient se déplacer facilement pour parcourir de vastes espaces. Leurs membres s'effilaient, s'adaptaient de plus en plus à la course qui devait aussi leur permettre de fuir les Carnivores.

L'Histoire des Solipèdes et des Ruminants est donc très instructive : non seulement elle nous montre des liens étroits entre des créatures d'abord très différentes, mais encore elle nous fait connaître les causes de leur évolution et entrevoir comment cette évolution s'est effectuée.

52. *Les Proboscidiens*. — Ainsi que les Chevaux, les Proboscidiens sont des créatures isolées dans la nature actuelle. Ils se distinguent des autres Mammifères par leur longue trompe et leurs incisives supérieures transformées en énormes défenses. De plus, comme ils sont herbivores, leurs molaires, massives, formées de nombreuses lames d'émail très dures, alternant avec des parties moins dures (ivoire et cément), sont devenues d'excellents outils de trituration.

La Paléontologie nous montre que les ancêtres des Éléphants actuels ont été beaucoup moins différenciés et qu'ils se laissent rattacher aux Pachydermes primitifs à 5 doigts.

Des découvertes récentes dans l'Éocène d'Egypte ont fait connaître le *Mœrithérium* (¹), chez lequel les deuxièmes incisives supérieures et inférieures se développaient beaucoup aux dépens des autres incisives et des canines restées rudimentaires (fig. 178). Les molaires étaient formées par deux rangées transversales de tubercules, ou mamelons. La forme du crâne montre que le *Mœrithérium* n'avait pas de trompe.

Chez le *Paléomastodonte* (²), qu'on trouve également en Égypte dans des couches un peu plus récentes, les deuxièmes incisives se sont accrues, les petites incisives et les canines ont disparu (fig. 179). Les molaires ont augmenté de longueur, elles ont trois rangs de tubercules. Le crâne s'est modifié ; la forme des fosses nasales dénote l'existence d'une petite trompe.

Chez les *Mastodontes* (³) du Miocène inférieur, les défenses ont acquis de plus fortes dimensions, surtout à la mâchoire supérieure (fig. 180). Les molaires, moins nombreuses, ont 4 rangées de mamelons. La trompe s'est allongée.

A partir de ce moment les défenses inférieures diminuent. Les Mastodontes de la fin du Miocène et ceux du Pliocène n'ont plus que des défenses supérieures et leurs crânes sont bien semblables à ceux des Éléphants (fig. 181). Mais les molaires sont encore différentes.

Pendant le Pliocène, nous voyons les molaires des Mastodontes, formées de denticules mamelonnés, se transformer peu à peu en molaires d'Éléphants formées de lames serrées les unes contre les autres. Dans une espèce de Mastodonte du Miocène (fig. 182), les mamelons des molaires s'alignent pour former des séries transversales. Dans une autre espèce (fig. 183), cette disposition s'accuse pour produire de véritables crêtes que séparent de profondes vallées. Plus tard, au Pliocène, on voit des Proboscidiens chez lesquels ces crêtes sont devenues

---

(¹) De *Mœris*, nom d'un ancien lac d'Égypte, et *thérion*, animal.
(²) Du grec *palaios*, ancien, et *mastodon*; ancien mastodonte.
(³) Du grec *mastos*, mamelon, et *odous, odontos*, dent.

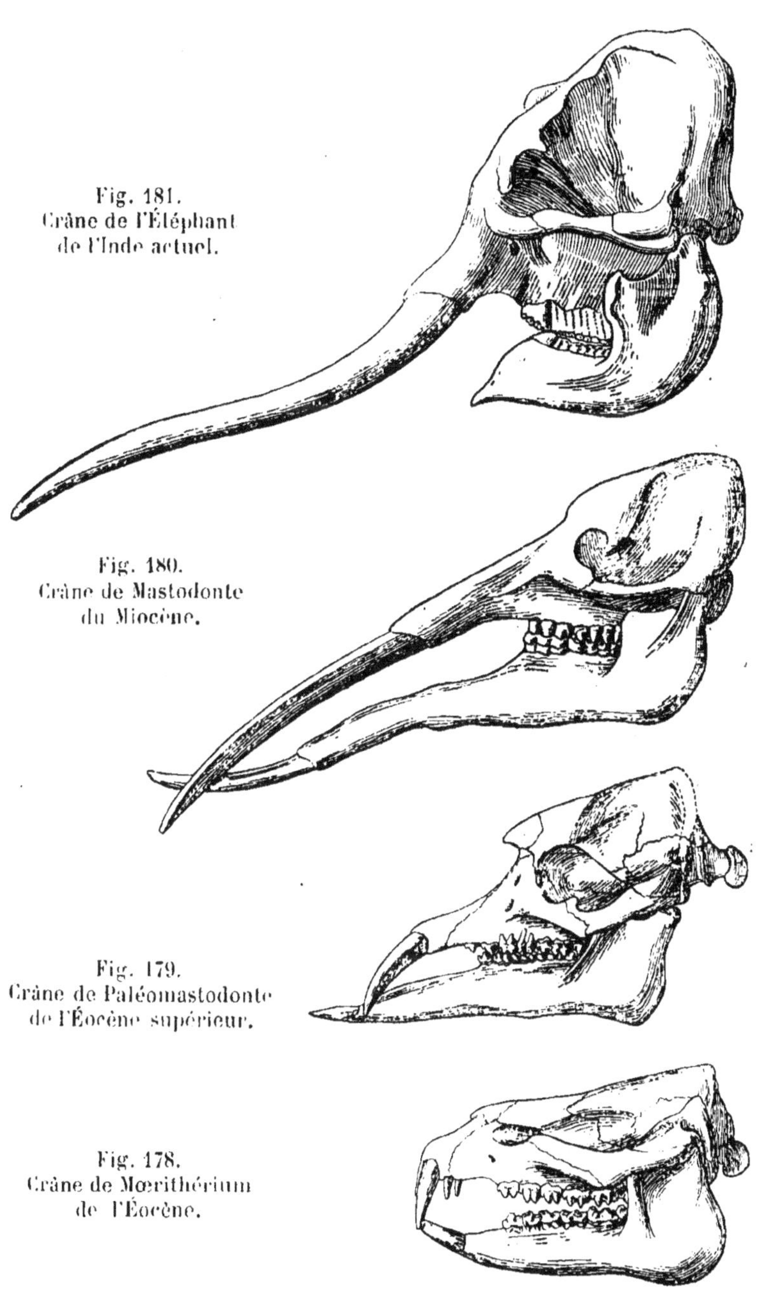

Fig. 181.
Crâne de l'Éléphant
de l'Inde actuel.

Fig. 180.
Crâne de Mastodonte
du Miocène.

Fig. 179.
Crâne de Paléomastodonte
de l'Éocène supérieur.

Fig. 178.
Crâne de Mœrithérium
de l'Éocène.

Fig. 178 à 181. — Crânes de divers Proboscidiens.

plus nombreuses, plus serrées, où les vallons sont en partie comblés par du cément ; on a désigné ces animaux tantôt sous le nom de Mastodontes, tantôt sous celui d'Éléphants (fig. 184).

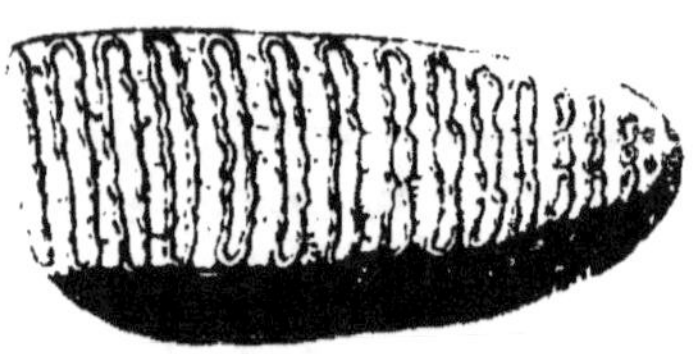

Fig. 186. — Molaire de Mammouth du Quaternaire.

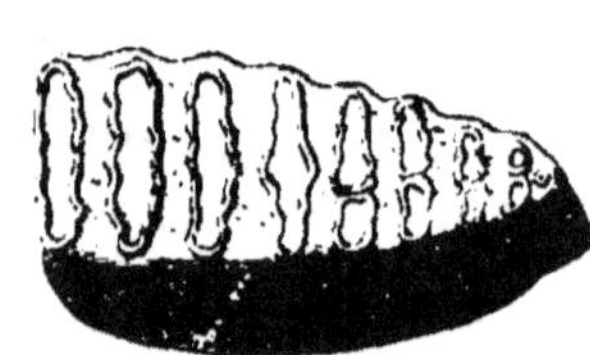

Fig. 185. — Molaire d'Éléphant méridional du Pliocène supérieur.

Fig. 184. — Molaire de Mastodonte éléphantoïde du Pliocène inférieur.

Fig. 183. — Molaire de Mastodonte du Miocène supérieur.

Fig. 182. — Molaire de Mastodonte du Miocène moyen.

Fig. 182 à 186. — Molaires supérieures de divers Proboscidiens fossiles.

Dans le Pliocène supérieur, les vallons sont tout à fait comblés par du cément, nous avons de véritables Éléphants (fig. 185).

On possède des squelettes complets de plusieurs Proboscidiens fossiles. Tel le *Mastodonte à dents étroites* du Miocène inférieur qui avait quatre défenses (fig. 187). En Europe, les Mastodontes disparaissent avec le Pliocène; en Amérique ils ont continué à vivre pendant le Quaternaire.

En même temps que les premiers Mastodontes et à côté d'eux, vivait une autre forme de Proboscidien, le *Dinothérium* (¹).

Celui-ci peut être considéré comme le roi des Mammifères. Il devait avoir 5 mètres de hauteur et 6ᵐ,50 de longueur,

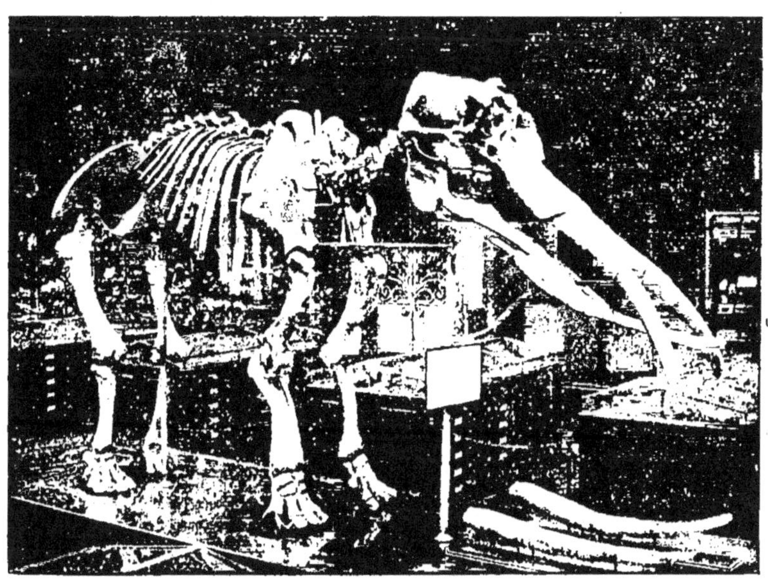

Fig. 187. — Squelette de Mastodonte provenant des terrains tertiaires de Sansan, Gers (longueur vraie : 4ᵐ,20). Galerie de Paléontologie du Muséum.

non compris la trompe (un Éléphant actuel ne dépasse pas 5 mètres de hauteur). Par sa forme générale, il se rapprochait beaucoup des Mastodontes et des Éléphants. Mais ses défenses, recourbées vers le bas, appartenaient à la mâchoire inférieure. Il est probable que la trompe n'était pas aussi développée que chez les Proboscidiens actuels (fig. 188).

Tandis que les Mastodontes ont vécu très longtemps, l'exis-

(¹) Du grec *deinos*, terrible, et *thérion*, animal.

tence du Dinothérium a été plus éphémère. On ne le connaît que pendant la période miocène.

Fig. 188. — Essai de restauration du Dinothérium.

L'*Éléphant méridional*, du Pliocène de France, dont un magnifique exemplaire se trouve au Muséum de Paris, était presque aussi grand que le précédent. Il mesure 4^m,15 de hauteur et 6^m,80 de longueur (fig. 189).

Pendant l'ère quaternaire, notre pays avait plusieurs espèces d'Éléphants. La plus curieuse est le *Mammouth*, qui différait des espèces actuelles par ses défenses très recourbées (fig. 190) et son corps couvert de poils. Il était ainsi adapté à un climat froid. Ses restes, notamment les dents molaires isolées (fig. 186), sont très répandus dans les alluvions quaternaires. On rencontre des cadavres entiers de Mammouths, avec la chair et les poils bien conservés, dans les terrains superficiels et congelés de la Sibérie.

55. *Les Édentés gigantesques.* — Les curieux Édentés actuels habitent presque tous l'Amérique du Sud (Tatou, Fourmilier, Paresseux). Ce sont des dégénérés à côté des Édentés fossiles. Ceux-ci, d'abord voisins des Pachydermes

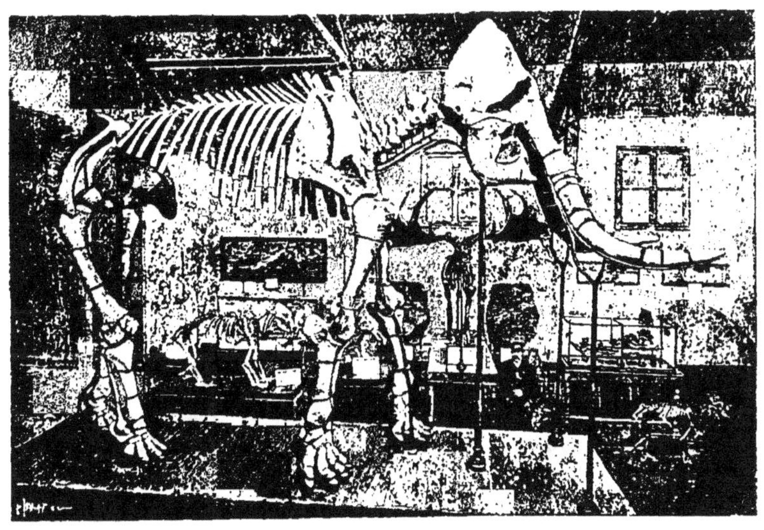

Fig. 189. — Squelette de l'Éléphant méridional. — Galerie de Paléontologie
du Muséum.

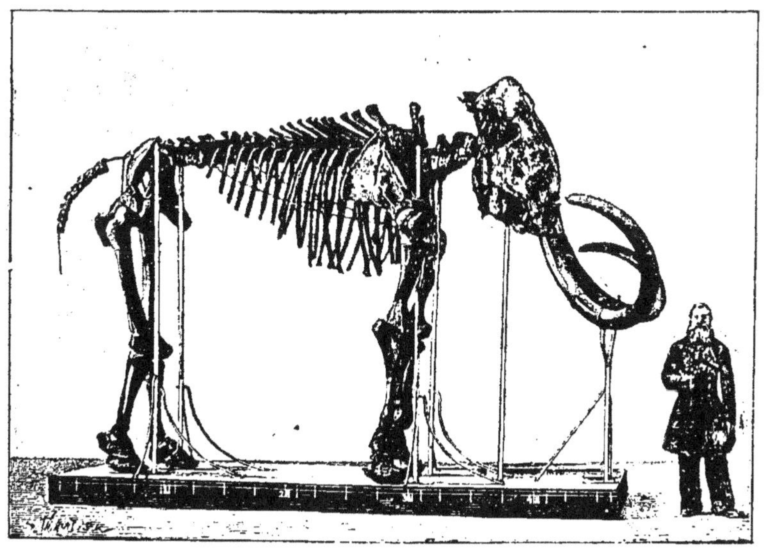

Fig. 190. — Squelette de Mammouth au musée de l'Académie des sciences
de Saint-Pétersbourg (longueur : 4m,80 ; hauteur : 3m,20).

normaux, ont acquis peu à peu les traits qui les caractérisent et sont devenus, pendant le Pliocène et le Quaternaire, des créatures extraordinaires et imposantes. Tel est le *Mégathé-*

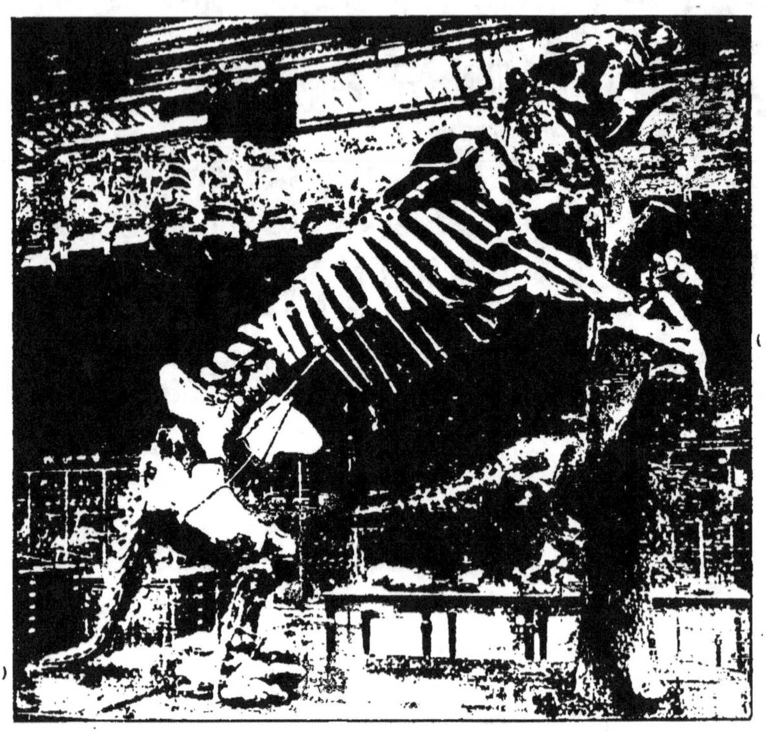

Fig. 191. — Squelette de *Mégathérium* de la galerie de Paléontologie du Muséum de Paris (hauteur vraie : 5ᵐ,60).

rium (¹), qui s'appuyait sur un train de derrière massif, pour saisir avec ses pattes de devant armées de fortes griffes.

Un autre Édenté géant est le *Glyptodonte* (²), sorte de Tatou gigantesque protégé par une carapace immobilisée formée de petites plaques osseuses, polygonales, juxtaposées

(¹) Du grec *megas*, grand, *thérion*, animal.
(²) Du grec *glyptos*, sculpté, et *odon* parce que leurs dents ont des sculptures qui imitent les triglyphes des temples doriques.

en élégantes rosaces, ce qui lui donnait l'aspect d'une énorme Tortue.

54. *Les Carnivores*. — Les Carnivores se distinguent des autres Mammifères par leurs doigts que terminent des griffes

Fig. 192. — Squelette de Glyptodonte (longueur vraie : 2^m,90).
Galerie de Paléontologie du Muséum.

et par des dents presque toujours plus ou moins tranchantes ; leurs canines sont pointues.

Les Carnivores sont aussi anciens que les autres Mammifères à la surface du globe. Mais les premiers ne ressemblaient pas à ceux qui vivent actuellement. Ils se rapprochaient des Marsupiaux ou Didelphes, ce qui leur a valu le nom de *Subdidelphes*. Tel, par exemple, le *Ptérodon* (¹), qui avait des dents fort semblables à celles du Thylacine actuel d'Australie (fig. 195). Ces Subdidelphes étaient nombreux et de formes très variées. La plupart ont dû s'éteindre sans laisser de postérité; d'autres ont pu donner naissance aux prédécesseurs des Carnivores actuels. Ce qui est certain, c'est que ceux-ci n'apparaissent qu'au moment où ceux-là s'en vont.

Les premiers Carnivores vrais n'étaient pas encore des Ours,

(¹, Du grec *pteron*, aile, et *odon*, dent, à cause de la forme de certaines de ses dents.

ni des Chiens, ni des Chats, mais des êtres offrant des caractères mixtes les rapprochant à la fois de plusieurs des types nettement séparés dans la nature actuelle. C'est ainsi que les *Cynodictis* ([1]) si nombreux de l'Oligocène, étaient intermédiaires entre les Chiens et les Civettes ; que les *Amphicyons* ([2]) ressemblaient à la fois aux Chiens et aux Ours ; que les *Hyænictis* ([3]) réunissaient les Civettes aux Hyènes, etc. On a retrouvé de nombreuses transitions entre ces formes mixtes et les différents genres actuels.

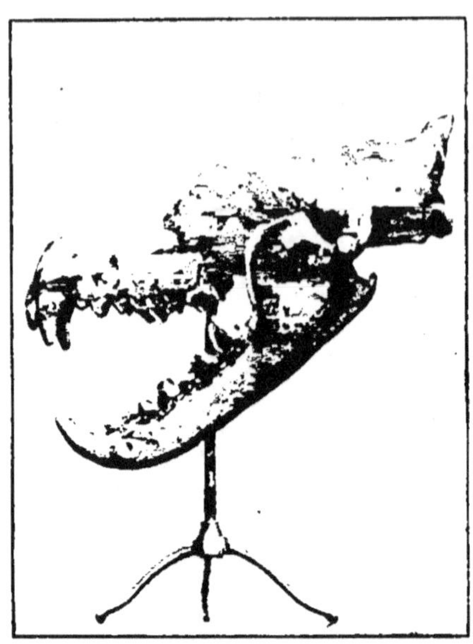

Fig. 193. — Tête de Ptérodon des terrains oligocènes du Quercy.

Parmi les formes aujourd'hui disparues, il faut citer le *Machairodus* ([4]), le plus carnivore des Carnivores. Voisin des Tigres et des Lions, il en différait par ses canines supérieures très grandes, aplaties comme des lames de poignard et finement crénelées sur les bords. Le Machairodus a vécu jusque vers le milieu des temps quaternaires, pendant lesquels notre pays était

Fig. 194. — Crâne de Machairodus (1/3e de la grandeur naturelle). Galerie de Paléontologie du Muséum.

([1]) Du grec *kuon*, *kunos*, chien, et *iktis*, marte ou civette.
([2]) Du grec *amphi*, autour, auprès de, *kuon*, chien, animal voisin des chiens.
([3]) Du grec *yaina*, hyène, et *iktis*, civette.
([4]) Du grec *makaira*, poignard, et *odous*, dent.

fréquenté par d'autres grands Carnivores. Parmi ces derniers, les uns sont éteints, les autres ont émigré.

Le *Lion des Cavernes* ne différait du Lion actuel que par une taille plus considérable.

Dans les dépôts de remplissage de la plupart des cavernes de France, on trouve, à profusion, les ossements d'un Ours qui différait des espèces actuelles par de plus fortes dimensions

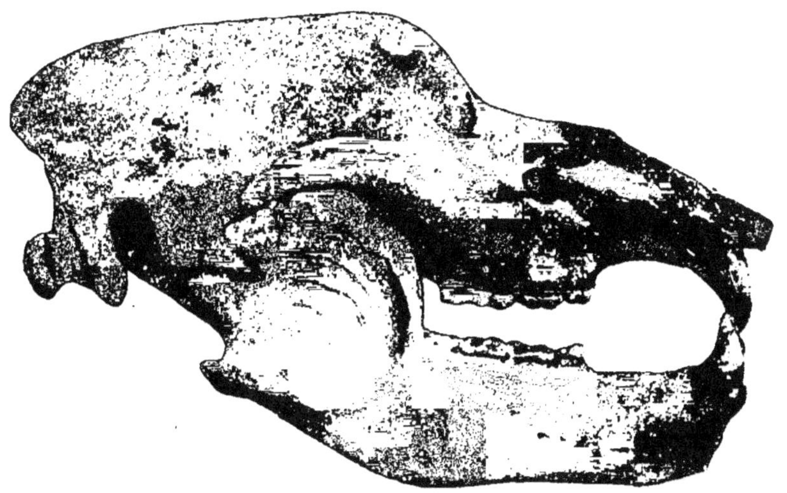

Fig. 195. — Tête d'Ours des Cavernes (longueur vraie : 0ᵐ,55).

et par la forme bombée de son front; c'est le grand *Ours des Cavernes* (fig. 195).

L'*Hyène des Cavernes* ressemblait tout à fait à l'Hyène tachetée de l'Afrique australe, mais elle était également plus robuste (fig. 196).

Le Lion et l'Hyène des Cavernes ont émigré vers le Sud. Le *Renard bleu* et le *Glouton*, qui ont aussi vécu en France pendant l'ère quaternaire, ne se trouvent plus que dans les contrées polaires.

55. *Les Singes.* — Nous avons vu que, pendant l'Éocène, il y avait des animaux tenant à la fois des Pachydermes et des

Singes. Pendant l'Oligocène, notre pays était peuplé de *Lému-riens*, ou Singes inférieurs, aujourd'hui si abondants à Mada-gascar. Dans la période miocène vivaient de vrais Singes; tel le *Mésopithèque* (¹) (fig. 197), Singe à longue queue.

Il y avait aussi des Singes anthropoïdes. Le *Dryopithèque* (²) était à peu près de la taille du Chimpanzé avec lequel il

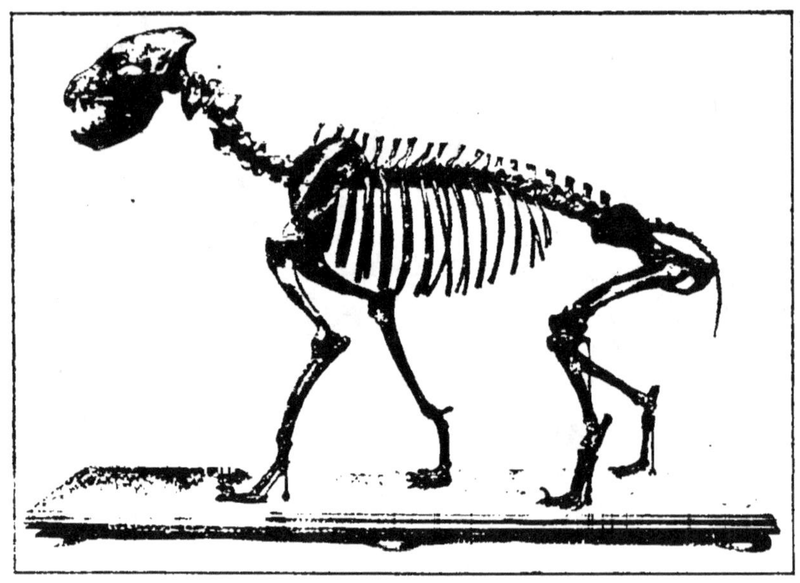

Fig. 196. — Squelette d'Hyène des Cavernes (hauteur vraie : 1ᵐ,2°).
Galerie de Paléontologie du Muséum.

avait des traits communs; il ressemblait encore à l'Orang-Outang et au Gorille (fig. 198).

Enfin, on a trouvé, dans un terrain pliocène, les restes d'un être qui paraît avoir été encore plus rapproché de l'Homme. C'est le *Pithécanthrope* sur lequel nous revien-drons dans la prochaine conférence.

(¹) Du grec *mesos*, intermédiaire, et *pithékos*, singe, parce que cet animal forme la transition entre deux genres de Singes actuels.

(²) Du grec *drus*, *druos*, chêne, et *pithékos*, singe, parce qu'on a supposé que le Dryopithèque vivait sur des chênes.

56. *Résumé et conclusions*. — Nous venons de voir par quels changements le monde secondaire est devenu d'abord le monde tertiaire, puis le monde actuel. Ce n'est plus dans la mer que se sont opérées les grandes transformations. Après la brusque disparition des Ammonites et des Bélemnites secon-

Fig. 197. — Squelette de Mésopithèque rapporté d'un terrain du Miocène supérieur de Grèce, par M. Albert Gaudry (1/6ᵉ environ de la grandeur naturelle).

daires, les Invertébrés marins n'ont pas tardé à devenir ce qu'ils sont aujourd'hui.

Les continents nous ont offert, au contraire, de nouveaux et magnifiques spectacles. A l'aurore des temps tertiaires, les conditions climatériques se modifient. La nature imposante, mais encore triste, des temps secondaires a vécu. C'est maintenant l'ère des fleurs, des papillons, des Oiseaux; l'ère des parfums, des couleurs et des chants. Les terribles Dinosauriens, énormes créatures à sang froid, sont trop spécialisés pour pouvoir s'adapter à ces nouvelles conditions : ils succombent.

Les petits Mammifères trouvent, au contraire, le monde qui leur convient; leur développement va se faire avec rapidité;

ils deviendront à leur tour des créatures majestueuses. Ce sont d'abord, pendant l'Éocène, des formes inférieures, ou Didelphes, et des Placentaires aux caractères mixtes ou indécis; puis des Pachydermes lourds et massifs. Pendant la période oligocène, les membres des Ongulés commencent à devenir plus légers. Les temps miocènes nous montrent des Solipèdes et des Ruminants : les Proboscidiens prennent de majestueuses proportions, les Carnivores se multiplient, les Singes apparaissent.

Fig. 198. — Mâchoire inférieure de Dryopithèque trouvée dans les argiles tertiaires de Saint-Gaudens (Haute-Garonne) (1/5 environ de la grandeur naturelle).

La fin du Miocène et du Pliocène marquent l'apogée du règne animal si l'on ne considère que le nombre, la beauté et la puissance des Mammifères. Aujourd'hui, aucune contrée de la terre ne pourrait montrer une telle exubérance de vie, une telle richesse de formes.

Le monde primaire était petit, triste et passif. Le monde secondaire, beaucoup plus différencié et plus actif, a vu le règne de la force brutale. Le monde tertiaire, plus actif encore et aussi plus esthétique, marque l'épanouissement de la sensibilité. Mais l'évolution du monde animé ne se termine que par l'apparition de l'Homme, dont le règne est celui de l'intelligence.

CINQUIÈME CONFÉRENCE

L'HOMME FOSSILE
CONCLUSIONS GÉNÉRALES

57. *Histoire de la découverte de l'Homme fossile.* — La notion de l'existence de l'Homme sur la Terre, avant les temps historiques les plus reculés, est une conquête de la science moderne.

Dès le commencement du xixe siècle, quelques observateurs, explorant les alluvions anciennes des cours d'eau et les dépôts des cavernes, avaient trouvé, gisant pêle-mêle avec des restes d'animaux d'espèces disparues, des pierres paraissant façonnées par l'Homme. D'autres avaient recueilli des ossements humains à côté d'ossements d'animaux fossiles. Mais ces découvertes passèrent inaperçues, ou ne furent pas appréciées à leur valeur.

En 1846, un antiquaire, Boucher de Perthes, affirma que certains silex, rencontrés par lui dans les carrières de sable d'Abbeville, avaient été taillés par l'homme pour être utilisées comme armes ou comme instruments.

Il fut d'abord vivement combattu. Loin de se décourager, il redoubla d'ardeur dans ses recherches et peu à peu il convertit à ses idées quelques-uns des naturalistes les plus éminents de France et d'Angleterre.

A partir de 1860, les découvertes analogues à celles de Boucher de Perthes se multiplièrent et, bientôt, l'existence de l'*Homme fossile*, c'est-à-dire l'existence de l'Homme vivant en compagnie de grands animaux aujourd'hui disparus, ne rencontra plus de contradicteurs.

L'étude de l'Homme fossile constitue aujourd'hui une branche nouvelle de la science, la *Préhistoire*, ou histoire des temps préhistoriques, qui, née dans notre pays, s'y est rapidement développée.

58. *Diverses preuves de l'existence de l'Homme fossile.* — Les terrains tertiaires et, à plus forte raison, les terrains secondaires ou primaires n'ont livré aucune trace certaine de l'existence de l'Homme. Les couches quaternaires nous fournissent, au contraire, des témoignages de deux sortes.

Les premiers consistent dans la présence, au sein de ces couches, d'ossements humains fossilisés comme les ossements d'animaux.

Les seconds comprennent des objets portant la trace d'un travail intentionnel, c'est-à-dire les produits de l'industrie humaine.

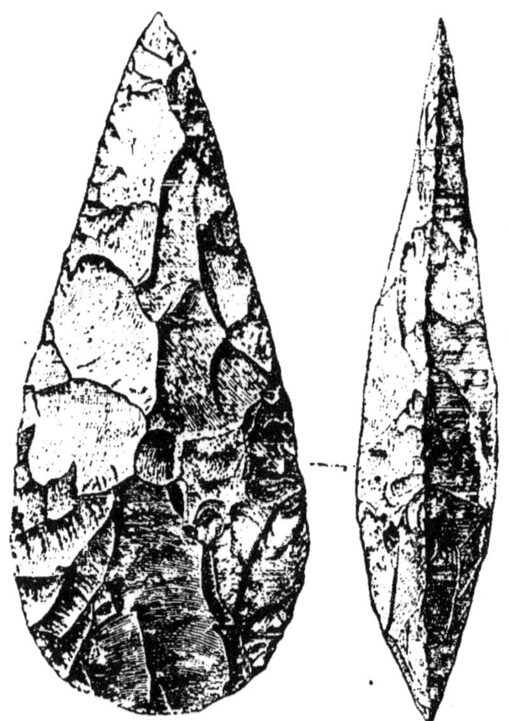

Fig. 199. — Instrument en pierre taillée sur les deux faces, dans la forme dite de Saint-Acheul, vu de face et de profil (1/5 de la grandeur naturelle).

De ces deux catégories de preuves, la seconde est de beaucoup la plus nombreuse. Les produits de l'industrie de l'Homme fossile se rencontrent dans une multitude de localités. Aussi fournissent-ils une base excellente pour l'étude des temps préhistoriques.

59. *Classification des temps préhistoriques*. — Au début, l'Homme n'a su travailler ou façonner les pierres, pour en faire des armes et des instruments, qu'en les taillant par éclats successifs. Aussi a-t-on donné à cette période le nom de *période de la pierre taillée*, ou de *paléolithique* (¹).

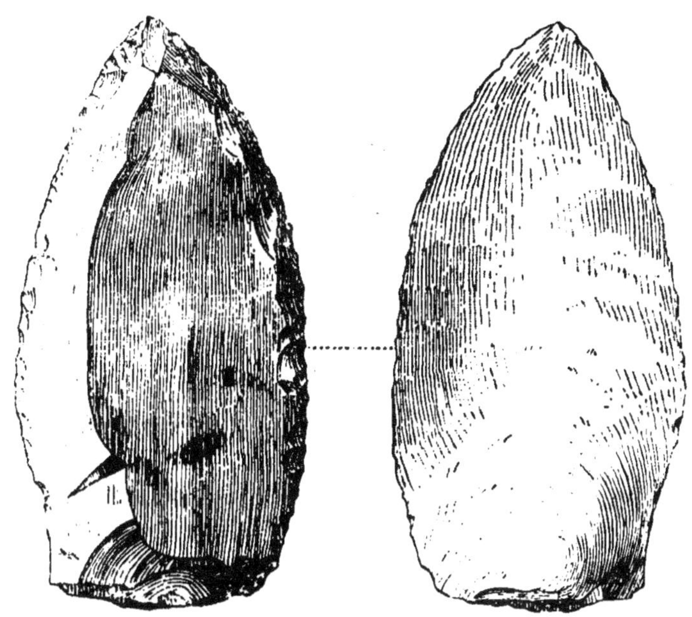

Fig. 200. — Instrument en pierre taillée sur une seule face (grandeur naturelle).

Cette première période des préhistoriens correspond exactement à la période pléistocène des géologues.

L'Homme paléolithique a été contemporain des grands animaux disparus : le Mammouth, le Rhinocéros laineux, l'Ours des Cavernes, etc. Il a vu le développement des grands glaciers, le régime torrentiel des cours d'eau, l'éruption des derniers volcans de l'Auvergne.

Plus tard, l'Homme a travaillé les pierres en les usant par frottement et il a su les polir. C'est la période dite *de la pierre polie* ou *période néolithique* (²).

(¹) De *palaios*, ancien, *lithos*, pierre, âge ancien de la pierre
(²) De *neos*, nouveau, *lithos*, pierre, âge récent de la pierre.

Plus tard encore, il apprit à utiliser les métaux, d'abord le cuivre, puis le bronze et enfin le fer. C'est la *période des métaux*, qui se confond avec l'aurore de l'histoire. L'ensemble des périodes néolithique et des métaux des archéologues correspond à la période actuelle, ou holocène, des géologues.

Le petit tableau suivant résume ces divisions :

Divisions géologiques.	Divisions archéologiques.
Ère quaternaire. { Période *actuelle*.	Période DES MÉTAUX. { Age du *fer*. Age du *bronze*. Age du *cuivre*. Période NÉOLITHIQUE.
Période *pléistocène*..	Période PALÉOLITHIQUE.

Nous allons nous occuper d'abord de l'Homme paléolithique puis de l'Homme néolithique, sur lesquels l'histoire écrite est muette. La période des métaux relève de l'archéologie et non de la paléontologie.

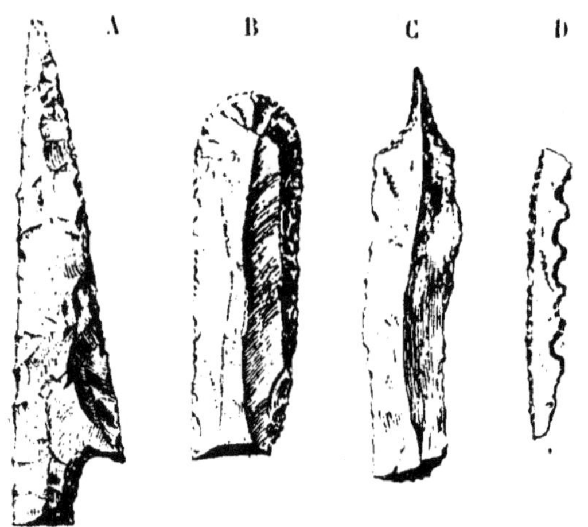

Fig. 201. — Diverses formes de silex taillés, de l'époque du Renne. — A, pointe de trait. — B, grattoir. — C, perçoir. — D, silex denté (2/3 de la grandeur naturelle).

60. *L'Homme paléolithique. Industrie de la pierre.* — L'Homme paléolithique a traversé deux phases principales dans nos pays.

1° Une phase au climat chaud : des Hippopotames fréquentent nos rivières ; des Éléphants et des Rhinocéros de type africain, des Cerfs, des Singes vivent avec lui au milieu d'une riche végétation.

2° Une phase au climat froid : le ciel se voile, la neige

tombe, les glaciers envahissent la plaine, les Hippopotames s'éloignent, les Éléphants et les Rhinocéros prennent d'épaisses toisons, le Renne descend des contrées boréales.

Les plus anciens produits de l'industrie humaine, que nous connaissions d'une façon certaine, se rencontrent en effet dans les alluvions anciennes des rivières avec des ossements d'animaux adaptés à un climat chaud (Éléphant antique, Hippopotame, etc.). Ce sont des pierres, ordinairement des silex, façonnées et taillées à grands éclats, sur les deux faces. Les plus belles ont la forme d'une amande (fig. 199).

Pendant la seconde phase, on s'est d'abord contenté de tailler les silex sur une seule face, et les bords ont été rendus tranchants par de petits éclats ou retouches (fig. 200).

Fig. 202. — Abris sous roches de Bruniquel (Tarn-et-Garonne) habités pendant l'époque du Renne.

Plus tard l'industrie de la pierre fit de nouveaux progrès. Parmi les silex travaillés, les uns, pointus, étaient emmanchés au bout d'un bâton et servaient de pointes de traits (fig. 201, A); d'autres, retouchées suivant un arc de cercle, étaient des racloirs ou des grattoirs (fig. 201, B), qui servaient, comme chez des peuplades primitives actuelles, à épiler et à travailler les peaux d'animaux. Des instruments plus délicats étaient utilisés comme couteaux, scies, perçoirs et burins (fig. 201, C, D). Ces dernières formes de silex taillés se rencontrent surtout dans les cavernes, au milieu de dépôts riches en ossements de Renne et correspondant à ce qu'on a appelé, pour cette raison, l'*âge du Renne*.

61. *Travail de l'os*. — Pour se défendre contre les rigueurs d'un climat des plus rudes, les hommes de l'âge du

Fig. 203. — Diverses formes de harpons en bois de Renne ou de Cerf (1/3 de la grandeur naturelle).

Fig. 204. — Aiguille en os (1/2 de la grandeur naturelle).

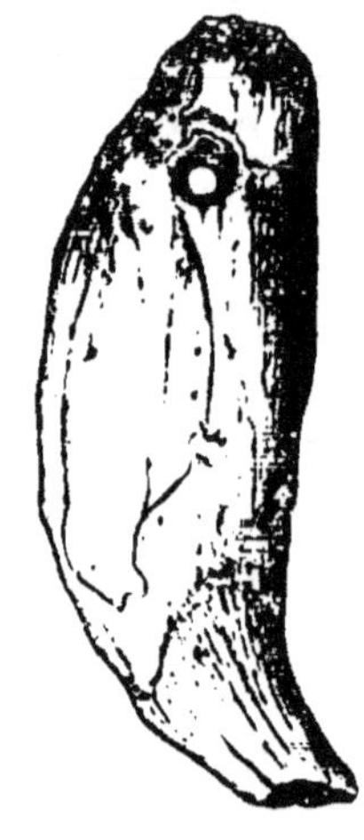

Fig. 205. — Canine de Lion utilisée comme pendeloque (1/2 de la grandeur naturelle).

Renne vivaient, en effet, dans des grottes ou sous des rochers (fig. 202).

Ces troglodytes étaient fort industrieux. Ils savaient travailler, de diverses manières, l'ivoire des défenses de Mammouth, les bois des Rennes, ou les os de divers animaux. Ils en faisaient des pointes de sagaie, des flèches pour la chasse, des harpons pour la pêche (fig. 203). Ils en fabriquaient aussi des instruments d'un usage domestique : spatules, lissoirs pour préparer les peaux de bêtes, aiguilles percées d'un chas pour coudre leurs vêtements (fig. 204), etc.

62. *Les premiers artistes*. — Les Hommes de l'âge du Renne utilisaient des dents de fauves tués à la chasse, des

coquillages marins, des pierres percées, etc., pour en faire
des trophées ou des colliers (fig. 205). Ils n'avaient pas seule-

Fig. 206. — Tête de cheval sculptée dans un morceau de bois de Renne et
provenant de la caverne du Mas-d'Azil (Haute-Garonne) (grandeur naturelle). Collection Piette, au Musée de Saint-Germain.

ment le goût de la parure. Ils ont été de véritables artistes,
les *premiers artistes*.

Fig. 207. — Têtes de Renne et de Chamois gravées sur un morceau de bois
de Renne. Collection Piette, au Musée de Saint-Germain.

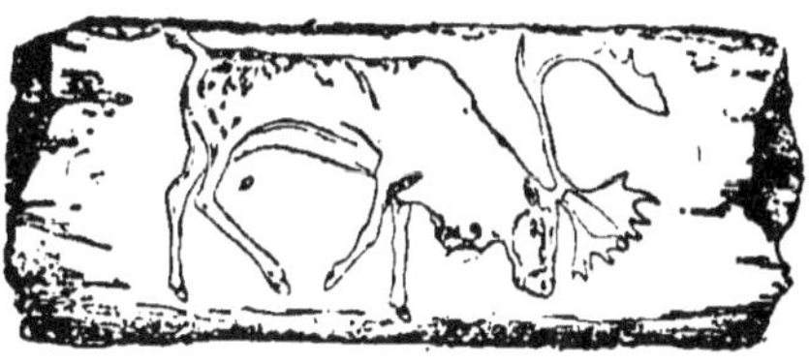

Fig. 208. — Renne gravé sur un morceau d'os. (Grotte de Thayngen, en Suisse.)

Ils se sont attachés à reproduire la figure des animaux qui
vivaient autour d'eux, soit par la sculpture (fig. 206), soit par

la gravure (fig. 207 et 208), soit par la peinture (fig. 209).

L'ivoire et les os du Mammouth leur servaient de matière première pour la sculpture. Ils gravaient sur des os quelconques (fig. 208), sur des bois de Renne (fig. 207), sur des cailloux roulés de la rivière voisine. Ils peignaient de grandes

Fig. 209. — Peinture représentant un Bison sur une paroi de la caverne d'Altamira, Espagne (grandeur très réduite ; d'après MM. Cartailhac et Breuil).

figures sur les parois des cavernes obscures où le froid les forçait à se retirer (fig. 209).

Parmi ces productions, il en est qui témoignent d'un sens esthétique, d'un réalisme savant et d'une grande sûreté d'exécution. Ce sont parfois de véritables œuvres d'art : représentations de Mammouths avec leurs longs poils et leurs défenses recourbées, Ours des cavernes au front bombé, Rennes munis de bois compliqués, Chevaux élégants de formes et vrais d'allure, etc.

Dans les cendres des foyers de l'époque du Renne, on découvre, avec ces productions artistiques, les burins de silex qui ont servi à faire les gravures, les godets et les ocres jaune ou rouge des peintres primitifs, les lampes rudimentaires au moyen desquelles ils s'éclairaient.

Ces Hommes de l'âge du Renne vivaient dans une nature ingrate ; par certains côtés leur existence était bien misérable, ils ignoraient même la poterie. Mais ils avaient le culte des morts, ils luttaient bravement contre les Lions et les Ours des cavernes et ils méritent notre admiration.

Nous leur devons aussi de la reconnaissance. Les beaux gisements de l'époque du Renne ne franchissent guère les limites du territoire qui forme aujourd'hui la France. C'est dans notre pays que l'art a fleuri pour la première fois sur la terre, des milliers d'années avant les grandes écoles de l'Égypte et de la Chaldée.

65. *Caractères physiques de l'Homme paléolithique.*

Nous avons une idée des caractères intellectuels de l'Homme paléolithique, au moyen des produits de son art et de son industrie. Nous possédons aussi quelques renseignements sur ses caractères physiques. On a trouvé, dans les terrains formés pendant la seconde phase des temps quaternaires, des crânes d'Hommes

Fig. 210. — Squelette d'un Homme fossile trouvé dans une grotte près de Menton (Alpes-Maritimes).

fossiles, des mâchoires, des os, des membres, parfois même des squelettes entiers (fig. 210).

Tous ces documents nous prouvent que l'Homme quaternaire ne différait, par aucun caractère essentiel, de l'Homme actuel. Toutefois les crânes les plus anciens accusent quelques traits d'infériorité; c'est avec ceux des peuplades les plus primitives de l'époque actuelle, notamment les Indigènes de l'Australie, qu'ils présentent le plus de ressemblance.

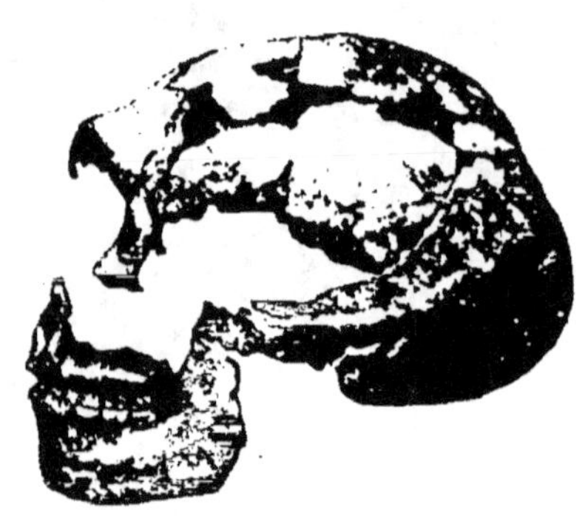

Fig. 211. — Crâne humain trouvé dans la grotte de Spy (Belgique) et remontant à l'époque quaternaire.

Les crânes quaternaires de la caverne de Spy, près de Namur (Belgique) (fig. 211), celui de Néanderthal (Prusse Rhénane), celui qui provient des cendres volcaniques de la montagne de Denise, près du Puy (Haute-Loire), etc., ont un front fuyant, des arcades sourcilières très développées. On a trouvé des mâchoires projetées en avant, avec un menton effacé. Les os des membres, épais et trapus, accusent une taille plutôt petite.

Les artistes de l'époque du Renne ont bien sculpté et gravé les figures de leurs semblables. Mais ils étaient malhabiles dans ce genre. La plupart des représentations humaines que nous connaissons sont trop imparfaites pour que nous puissions nous appuyer sur elles pour ajouter quelques traits à cette esquisse de l'Homme paléolithique; on peut dire pourtant que le système pileux paraît avoir été très développé.

64. *La Paléontologie et l'origine de l'Homme. Le Pithécanthrope.* — Que nous apprend la Paléontologie sur l'origine de l'Homme? Pouvons-nous rattacher le « Roi de la création » à des êtres inférieurs à lui comme nous l'avons fait pour la plupart des autres Mammifères actuels?

Évidemment les comparaisons ne peuvent porter que sur le groupe des Primates ou des Singes. Nous avons vu qu'il y a eu d'abord des Lémuriens, puis de vrais Singes et enfin des Anthropomorphes. Le Dryopithèque est du Miocène. Après cette époque, nous constatons une énorme lacune dans nos connaissances. Le Pliocène et même la première partie du Quaternaire de nos pays ne nous ont livré aucun document ostéologique de nature à éclairer le problème.

Fig. 212. — Calotte crânienne du Pithécanthrope de Java vue de profil (1/5 environ de la grandeur naturelle).

Quand nous arrivons au milieu du Quaternaire, à l'âge du Mammouth, nous nous trouvons brusquement en présence d'un Homme qui, malgré quelques traits d'infériorité, ne saurait être considéré comme une espèce différente de l'Homme actuel. Or, pour ne parler que des carac-

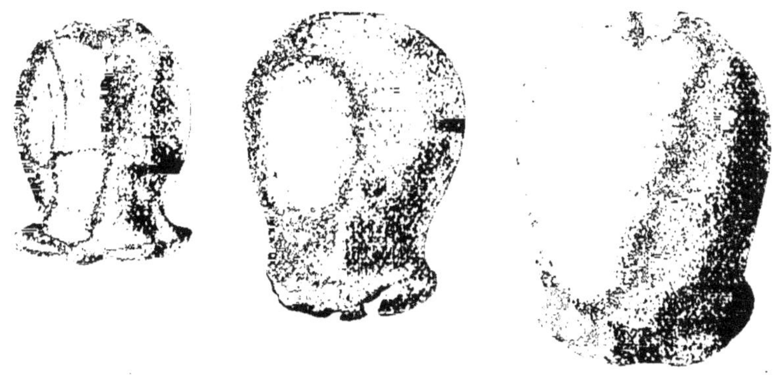

Fig. 213 à 215. — Crânes : 1° d'un Chimpanzé ; 2° du Pithécanthrope ; 3° de l'Homme quaternaire de Néanderthal vus en dessus et à la même échelle (1/5 environ de la grandeur naturelle).

tères physiques, il y a une différence énorme entre les Anthropomorphes actuels ou fossiles les plus élevés et l'Homme, aussi bien l'Homme quaternaire que l'Homme actuel.

Une découverte récente, a pourtant diminué cet abîme. En 1892, on a trouvé, dans des couches pliocènes de Java, une

portion de crâne et quelques autres débris d'un être qui a reçu
le nom de *Pithécanthrope* (¹) (fig. 212).

Le crâne, de forme aplatie très surbaissée, a un volume
intermédiaire entre le volume des crânes des plus forts Singes
anthropomorphes et celui des crânes humains appartenant aux
races les plus inférieures (fig. 213 à 215). Les arcades sourcilières sont énormes. Le front est fuyant, moins que chez les An-

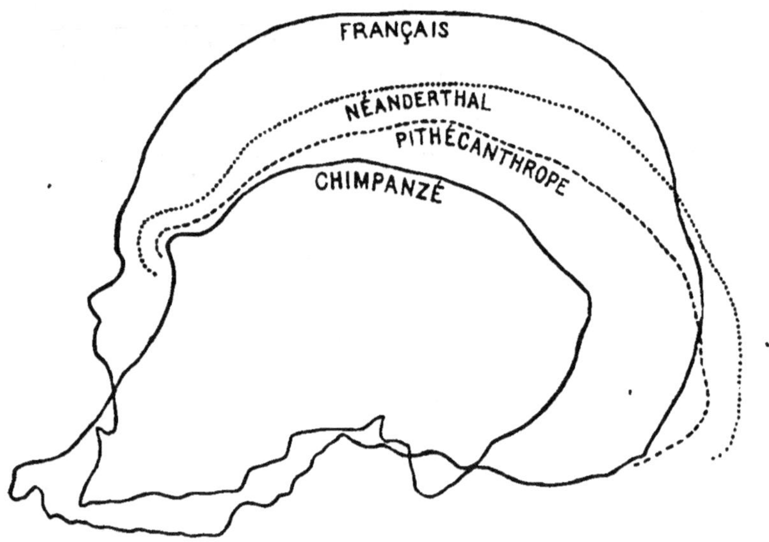

Fig. 216. — Profils superposés des crânes d'un Chimpanzé, du Pithécanthrope,
de l'Homme de Néanderthal et d'un Français actuel (1/5 de la grandeur
naturelle).

thropomorphes, plus que chez les Hommes quaternaires, bien
plus, par suite, que chez les races supérieures de l'époque
actuelle (fig. 216).

Parmi les savants qui ont examiné ces débris fossiles, les
uns ont considéré le Pithécanthrope comme un Anthropo-
morphe supérieur, d'autres comme un Homme inférieur, le
plus grand nombre comme un être intermédiaire.

Cette dernière conclusion paraît rationnelle. S'il ne nous est
pas permis de dire que le Pithécanthrope fut un des ancêtres

(¹) Du grec *pithécos*, singe, et *anthropos*, homme.

directs de l'Homme, on peut affirmer que la découverte de
Java est de la plus haute importance, car elle nous porte à
croire que l'Homme lui-même n'échappe pas à la loi générale
de l'évolution des êtres.

65. *L'Homme néolithique.* — Avec la période néolithique, nous entrons dans un monde tout différent. Les hommes
paléolithiques et leur civilisation ont disparu comme les grands
animaux, comme les phénomènes physiques du Pléistocène.
Nous sommes en présence de races humaines qui ont de nouvelles mœurs et une nouvelle industrie.

L'Homme paléolithique était surtout chasseur; l'Homme
néolithique est surtout pasteur et cultivateur. Le premier ha-
bitait les cavernes; le second les abandonne. L'Homme de la
pierre taillée avait à lutter contre de redoutables animaux;
il charmait ses loisirs par le dessin et la sculpture; le second
savait apprivoiser le Chien et domestiquer des espèces utiles,
mais il n'était pas artiste.

Sauf sur quelques points, le changement paraît avoir été
assez brusque. Il n'y a pas eu évolution sur place. La civilisation nouvelle a dû être apportée, toute faite, par des envahis-
seurs qui ont chassé ou supplanté les Paléolithiques.

66. *Les cités lacustres; les dolmens.* — Les hommes
de l'époque néolithique n'habitaient plus les cavernes. Ils
construisaient des huttes, probablement avec des branchages.
On trouve, sur beaucoup de points de notre pays, les planchers
de ces cabanes primitives, un peu en contre-bas du sol envi-
ronnant, avec des pierres de foyer au centre.

En 1855, les eaux du lac de Zurich ayant fortement baissé,
on vit émerger les extrémités supérieures de nombreux pilotis;
un habile archéologue, Keller, y trouva des trésors pour la
préhistoire. Sa découverte fit grand bruit dans le monde savant.
On se mit à fouiller tous les lacs de Suisse (fig. 217). On apprit que ces mêmes hommes édifiaient aussi leurs habitations
sur l'eau. Ils enfonçaient dans la vase des troncs d'arbre, et,
sur ces pilotis, ils établissaient un plancher pour porter leurs

maisons. Ces *palafittes* (¹) se rapprochent des demeures lacustres de certains sauvages actuels de la Nouvelle-Guinée, de la Malaisie, de l'Indo-Chine, etc. (fig. 218).

Les premières palafittes datent de 5000 à 4000 ans avant J.-C.

Les hommes de la pierre polie construi-

Fig. 217. — Pilotis d'habitations préhistoriques visibles par suite d'une forte baisse des eaux du lac de Neuchâtel.

Fig. 218. — Habitations lacustres actuelles sur les bords du Mékong.

saient encore des monuments en pierres énormes que, pour

(¹) De l'italien *palafitti*, pilotis.

cette raison, on a appelés *monuments mégalithiques* (¹); ce sont les *dolmens* et les *menhirs*.

Les dolmens se composent de plusieurs grandes dalles brutes placées verticalement pour limiter une chambre avec toit formé par une dalle encore plus grande, posée à plat (fig. 219). On croyait naguère que les dolmens étaient des autels élevés par les Druides; on sait aujourd'hui qu'ils représentent des caveaux funéraires où nos ancêtres néolithiques déposaient leurs morts.

Les menhirs sont des blocs énormes, sortes d'obélisques grossiers (fig. 220); ils représentent tantôt des *pierres de souvenir*, marquant l'emplacement d'une bataille, etc., tantôt des bornes de limites.

(¹) Du grec *megas*, grand, *lithos*, pierre.

Fig. 219. — Vue d'un dolmen.

Fig. 220. — Menhirs de Carnac (Bretagne).

67. *Industrie et mœurs des Hommes néolithiques.* — Dans les foyers des fonds de cabanes, entre les pilotis des cités lacustres, dans les chambres sépulcrales des dolmens, on trouve par milliers

Fig. 221. — Pointe de flèche en silex de l'époque néolithique (grandeur naturelle).

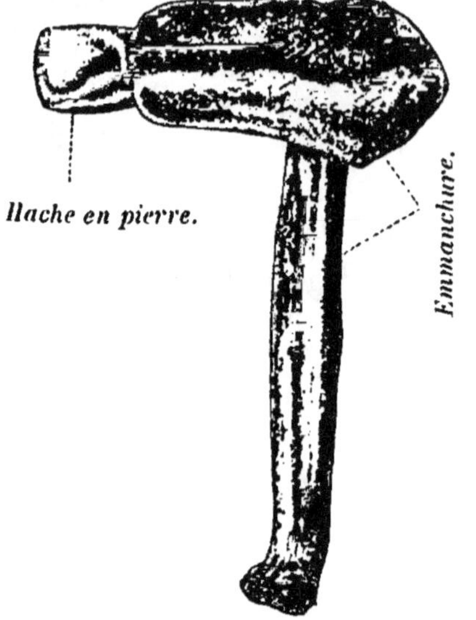

Fig. 222. — Hache polie emmanchée provenant des cités lacustres de la Suisse (grandeur réduite).

les produits de l'industrie de l'Homme néolithique.

Le travail de la pierre s'est perfectionné. Beaucoup de silex travaillés par éclats servent encore aux usages de la vie journalière; mais, à côté de ces

Fig. 223 — Vase en terre de l'époque néolithique (1/5° de la grandeur naturelle).

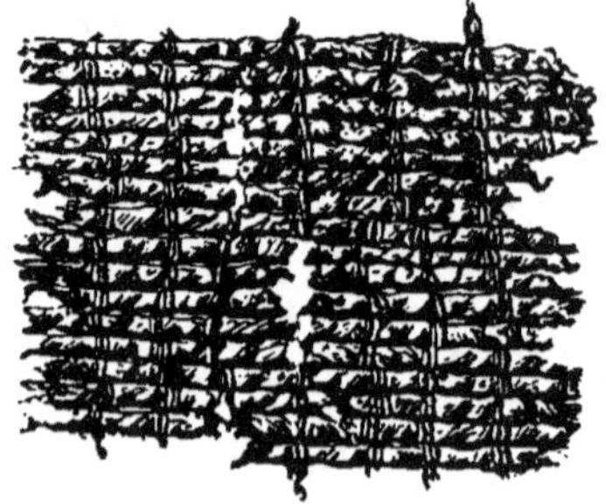

Fig. 224. — Débris de tissu trouvé dans un lac de la Suisse, sur l'emplacement d'une cité lacustre préhistorique.

instruments plus ou moins grossiers, on rencontre des têtes de flèche (fig. 221), des pointes de lance, des poignards travaillés avec une habileté et une délicatesse extraordinaires. L'objet nouveau, caractéristique, est la hache en pierre polie, qui était emmanchée dans une gaîne en bois de Cerf (fig. 222).

On continuait à fabriquer des poinçons, des ciseaux et autres objets en os, mais ceux-ci n'avaient plus l'élégance des objets de l'âge du Renne. De même, on ne trouve plus aucune œuvre d'art. L'ornementation ne consiste qu'en des combinaisons très simples de lignes droites ou concentriques.

Par contre, l'Homme néolithique sait fabriquer des vases en terre (fig. 223), il cultive et utilise diverses plantes alimentaires ou textiles : le blé, l'orge, le lin, etc. Il fabrique du pain. Il tisse des étoffes grossières (fig. 224). Il fait de véritables travaux de mine pour aller chercher au sein de la terre la matière première de son outillage de pierre, etc.

68. *Caractères physiques de l'Homme néolithique.* — On possède de très nombreux crânes et squelettes humains des hommes de l'époque de la pierre polie. Ils ne présentent plus les caractères d'infériorité que nous ont montrés certains débris de l'Homme quaternaire. Ils nous offrent même déjà une assez grande diversité. Suivant les pays, nous voyons des races à tête ronde, des races à tête allongée, des

Fig. 225. — Hache en bronze (1/4 de la grandeur naturelle).

races de grande stature, des races de petite taille, etc.

Cette complication augmente à l'arrivée des Hommes qui apportent la connaissance des métaux. Le cuivre est d'abord utilisé, puis le bronze (fig. 225), et enfin le fer.

Nous arrivons ainsi aux « Propylées de l'histoire » devant lesquels nous devons nous arrêter.

CONCLUSIONS GÉNÉRALES

69. Nous avons étudié les principales formes de vie qui se sont succédé depuis le Cambrien. Cherchons à tirer de cette étude les conclusions qu'elle comporte.

La première est malheureusement négative; nous avons dit que *les premiers fossiles restant inconnus, la paléontologie ne nous apporte aucune lumière sur le grand problème de l'origine de la vie.*

Les autres conclusions sont positives; on peut les résumer de la façon suivante :

1. *Le règne animal a subi, au cours des temps géologiques de perpétuels changements.*

2. *Les animaux fossiles sont reliés entre eux et ils se relient aux animaux actuels par d'innombrables enchaînements.*

3. *Ces enchaînements sont ordonnés suivant une loi de progrès.*

4. *Les changements du monde animé paraissent s'être produits par voie de transformations successives.*

70. *Les changements du règne animal pendant les temps géologiques.* — Les animaux fossiles étaient différents des animaux actuels. Cuvier l'a montré le premier; ne connaissant qu'un petit nombre de fossiles, il avait admis que les êtres vivants s'étaient renouvelés trois fois. Avec les progrès de la science, le nombre des « créations successives » augmenta rapidement. Vers 1850, d'Orbigny divisait les terrains en une trentaine d'étages correspondant à autant de renouvellements de faunes. On compte aujourd'hui des centaines de niveaux stratigraphiques caractérisés par des fossiles particuliers.

En réalité ces nombres ne signifient rien. Les changements du monde animé se sont faits d'une manière continue; par suite ils sont innombrables. « Le changement, toujours le changement, c'est là le mot qui résume le mieux l'histoire de la vie. »

Le premier résultat de la paléontologie a donc été d'augmenter prodigieusement les catalogues zoologiques. La quantité d'animaux qui habitent aujourd'hui les divers milieux du globe n'est rien à côté de la quantité de ceux qui les ont habités autrefois.

Nous avons vu combien les espèces de Nautiles étaient plus nombreuses autrefois qu'aujourd'hui. Pour 100 espèces d'Huîtres qui vivent actuellement, on connaît près de 600 espèces fossiles. On pourrait citer bien d'autres exemples.

Il en est de même des genres et des familles. Les Brachiopodes ne sont représentés de nos jours que par une quinzaine de genres répartis en 7 familles; les Brachiopodes fossiles comprenaient au moins 120 genres et 16 familles.

Des ordres entiers, parfois même des classes, ont été découverts par les paléontologistes : les Cystidés et les Blastoïdés parmi les Échinodermes; les Ammonites parmi les Mollusques; les Trilobites parmi les Articulés; les Placodermes parmi les Poissons; les Labyrinthodontes parmi les Batraciens; les Ichthyosaures, les Plésiosaures, les Mosasaures, les Dinosauriens, les Ptérodactyles parmi les Reptiles. L'Archéoptéryx est considéré comme représentant au moins un ordre particulier de la classe des Oiseaux. On a été obligé de créer plusieurs ordres nouveaux de Mammifères pour les types qu'il a été impossible de faire entrer dans les groupements actuels.

Cette multiplication des cadres zoologiques est certainement loin d'être terminée. La portion des terrains sédimentaires qui a été fouillée par les paléontologistes est insignifiante par rapport à celle qui reste à explorer. Si grandes que soient nos richesses paléontologiques, l'avenir nous en réserve de plus grandes encore.

71. ***Les enchaînements du règne animal.*** — Depuis longtemps, bien avant que la Paléontologie prît naissance, naturalistes et philosophes avaient remarqué qu'il y a des transitions ménagées entre les créatures actuelles : *Natura non facit saltum*.

En multipliant le nombre des êtres, la paléontologie a multiplié les formes intermédiaires. Elle a montré entre eux toutes sortes d'enchaînements. Les animaux de chaque époque se rattachent à ceux qui les ont précédés et à ceux qui les ont suivis par des formes de passage. Il y a des liens étroits, non seulement entre les espèces d'un même genre, mais encore entre les genres d'une même famille, entre les familles d'un même ordre, entre les ordres d'une même classe, entre les classes d'un même embranchement.

Pour les espèces ou les genres, le fait est démontré par l'impossibilité qu'éprouvent souvent les paléontologistes à séparer les formes voisines. S'ils veulent donner une désignation spéciale à chaque variation, ils sont entraînés à multiplier les noms indéfiniment. Les Cérites de l'Éocène des environs de Paris, les Ammonites des terrains secondaires fournissent des exemples de cette variabilité indéfinie.

Les enchaînements ne sont pas moins évidents entre les groupements supérieurs des divers types d'organisation.

Dans l'embranchement des Échinodermes, les classes des Crinoïdes, des Étoiles de mer, des Oursins, sont aujourd'hui bien distinctes les unes des autres. Mais nous avons vu que certains Échinodermes primaires, les Cystidés, réunissaient des caractères propres aux différents groupes actuels.

Parmi les Mollusques céphalopodes, les Goniatites, les Cératites, les Ammonites nous ont offert un mélange de traits dont les uns sont propres aux Nautiles ou Tétrabranches et les autres aux Dibranches.

L'embranchement des Vertébrés nous offre des exemples encore plus saisissants. Dans la classe des Poissons, les Squales, les Ganoïdes, les Poissons osseux ont actuellement des caractères distinctifs bien tranchés. Il n'en était pas de même autrefois. Les Squales primitifs ressemblaient, par divers côtés, aux Ganoïdes. Et pendant l'ère secondaire, nous voyons des animaux organisés de telle façon que nous hésitons pour les ranger parmi les Ganoïdes ou parmi les Poissons osseux.

Nous avons appris qu'il n'était pas toujours facile de savoir si les premiers Quadrupèdes avaient appartenu à la classe des Batraciens ou à celle des Reptiles.

Les Dinosauriens, les Ptérodactyles, l'Archéoptéryx ont beaucoup diminué l'énorme distance qui sépare aujourd'hui les Reptiles des Oiseaux. De curieux animaux du Trias comblent un peu l'abîme creusé dans la nature actuelle entre les Reptiles et les Mammifères.

L'étude de ces derniers a été encore plus instructive au point de vue des enchaînements. Nous avons vu les espèces, les genres, les familles, les ordres eux-mêmes, non plus nettement séparés comme dans les livres de zoologie, mais reliés les uns aux autres. Les expressions : Ruminants, Pachydermes, Solipèdes, etc., s'appliquent à quelque chose de réel et de bien défini dans le monde actuel. Mais il n'en est plus de même si l'on envisage les Mammifères d'autrefois. Il arrive un moment où certaines créatures, qui ne sont plus des Pachydermes, ne sont pas encore des Ruminants ou des Solipèdes, où d'autres animaux ne sont plus des Didelphes et ne sont pas encore de vrais Carnassiers, etc.

Nous sommes encore bien loin d'avoir retrouvé tous les enchaînements. Mais les lacunes sont plutôt dans nos connaissances que dans la nature. Si nous n'avons que quelques nœuds du réseau compliqué que représente l'ensemble des êtres organisés, chaque jour se signale par la découverte d'une maille ou d'un chaînon nouveaux.

72. *Les changements du monde animal obéissent à une loi de progrès.* — Les changements dont nous venons de parler se sont-ils produits au hasard ou sont-ils ordonnés suivant une loi? C'est ce qu'il faut examiner maintenant.

Et d'abord il y a eu progrès dans la différenciation des êtres ; la diversité est allée en s'accentuant. A aucun moment de l'histoire de la Terre, le monde animal n'a été plus varié que de nos jours.

Nous remarquons ensuite que l'apparition des grands groupes s'est faite suivant leur ordre hiérarchique. Les Invertébrés, plus anciens que les Vertébrés ont apparu avant eux et, parmi ceux-ci, les plus inférieurs, les Poissons, sont venus les premiers ; puis les Batraciens, puis les Reptiles, puis les

Oiseaux et enfin les Mammifères. Le graphique suivant résume la distribution, dans le temps, des classes de Vertébrés.

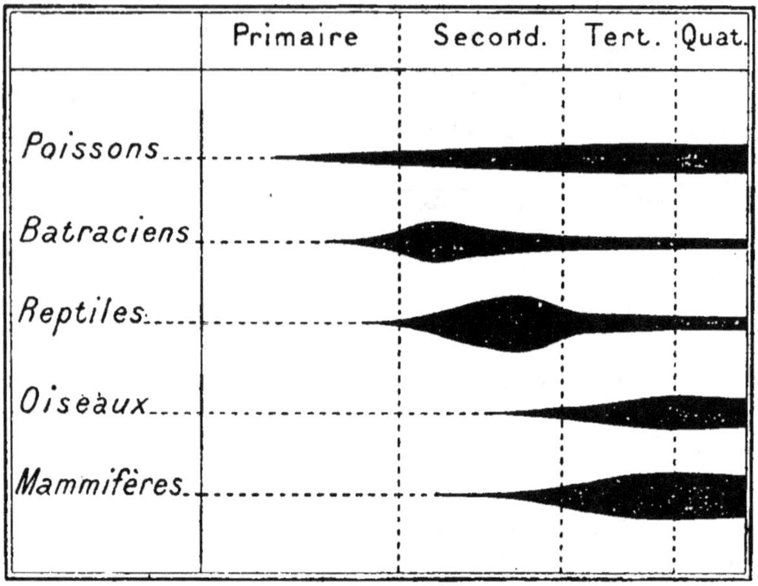

	Primaire	Second.	Tert.	Quat.
Poissons				
Batraciens				
Reptiles				
Oiseaux				
Mammifères				

Dans chaque grand groupe, nous voyons également des progrès. Les types inférieurs, comme les Protozoaires, les Cœlentérés, n'ont pu progresser beaucoup, car s'ils avaient progressé nous ne les appellerions plus Protozoaires ou Cœlentérés. Les Échinodermes nous montrent quelques perfectionnements successifs ; les Oursins, qui occupent, dans la hiérarchie de leur groupe, le rang supérieur, sont les derniers venus.

Parmi les Articulés, nous voyons que les Crustacés inférieurs, comprenant les Trilobites, se sont développés avant les Crustacés supérieurs, tels que les Décapodes ; les Insectes à métamorphoses incomplètes ont précédé les Insectes à métamorphoses complètes.

Les Poissons nous ont offert une suite ininterrompue de perfectionnements, les anciens étant, de toute évidence, inférieurs aux récents. Ce furent d'abord des Squales et des Ganoïdes, dont la colonne vertébrale n'était pas ossifiée. L'ossification s'est faite peu à peu ; le règne des Poissons où elle est achevée, ne date que du Crétacé supérieur.

Personne ne peut douter que le premier des Oiseaux connus, l'Archéoptéryx, n'ait été très inférieur aux Oiseaux venus après lui.

Les Mammifères ont commencé par les Didelphes ; la belle et imposante diversité des Mammifères actuels s'est produite par des variations successives.

Les facultés propres au règne animal, activité, sensibilité, intelligence, ont suivi une marche régulièrement ascendante (¹).

L'activité s'est développée à mesure que le monde a vieilli. La plupart des Invertébrés primaires étaient des êtres captifs ou à demi captifs. Les Poissons, d'abord emprisonnés dans des armatures de plaques ou d'écailles solides, ont acquis de l'aisance dans leurs mouvements pendant que leur squelette externe diminuait et que leur squelette interne s'ossifiait. La plupart des Reptiles secondaires ne devaient pas être des animaux très agiles. Les premiers Oiseaux furent de mauvais voiliers. Parmi les Mammifères, les grands coureurs ont succédé aux lents Pachydermes.

Les fonctions de préhension ont progressé aussi bien que celles de la locomotion. Rudimentaires chez la plupart des êtres primaires, nous les voyons augmenter chez les êtres secondaires ; les Reptiles Dinosauriens devaient saisir avec leurs membres de devant. La trompe des Proboscidiens, les griffes des Carnassiers, les mains des Singes, sont des acquisitions relativement récentes. La fonction de préhension atteint chez l'Homme une habileté merveilleuse.

Mêmes progrès dans la sensibilité. La vue, l'ouïe, le toucher, etc., se sont perfectionnés peu à peu comme se sont diversifiés les formes, les couleurs et les bruits de la nature. Dans les temps primaires il n'y avait encore ni fleurs, ni papillons brillamment colorés. Les premiers concerts des Oiseaux

(¹) Voyez Albert GAUDRY, *Essai de paléontologie philosophique.* Paris, Masson et Cⁱᵉ.

ne datent guère que des temps tertiaires. Le sens du toucher ne pouvait être que très obtus chez des êtres revêtus d'écailles comme les Poissons, les Reptiles ou d'une peau épaisse comme les Pachydermes. Au sommet de l'échelle, l'Homme, dont la peau est nue, est doué d'une sensibilité exquise.

Les degrés d'intelligence sont, dans une certaine mesure, liés aux degrés de développement de la substance cérébrale et, comme nous connaissons les moulages des centres nerveux d'un assez grand nombre d'animaux fossiles, nous pouvons nous faire une idée du développement des facultés intellectuelles. L'Actinodon, l'un des premiers Quadrupèdes connus, avait un cerveau extrèmement réduit. Nous savons que les Dinosauriens étaient des bêtes stupides, puisque leur encéphale était moins gros que la moelle épinière dans la partie postérieure de leur corps. C'est avec les temps tertiaires que le règne de l'intelligence commence. Les premiers Mammifères étaient encore peu avancés à cet égard. Mais nous voyons les centres nerveux augmenter peu à peu pour atteindre chez l'Homme, l'être intelligent par excellence, une merveilleuse complication.

75. *La Paléontologie et la théorie de l'évolution.* — Les changements du monde animé révélés par la Paléontologie résultent-ils de transformations successives ou représentent-ils autant de créations indépendantes? C'est la dernière question qu'il nous reste à examiner.

Beaucoup de naturalistes. parmi les plus grands des siècles derniers, ont pensé que chaque espèce animale ou végétale représente une unité créée isolément, sans aucun lien de *parenté* avec les unités ou espèces voisines. Linné a écrit : *Tot numeramus species quot ab initio creavit infinitum Ens* (¹).

Plus tard, Cuvier apporta à cette théorie de la fixité des espèces l'appui considérable de son autorité. Pour lui l'espèce est « la collection de tous les êtres organisés descendus l'un de l'autre ou de parents communs et de ceux qui leur ressem-

(¹) Nous comptons autant d'espèces qu'en a créées la Puissance infinie.

blent autant qu'ils se ressemblent entre eux ». Il crut que le monde a été fait en un certain nombre d'époques séparées par des catastrophes générales détruisant tous les êtres animés et suivies de nouvelles créations.

Les progrès de la géologie n'ont pas permis de conserver la théorie des cataclysmes. Nous savons maintenant que l'histoire physique de la Terre a été continue, qu'il n'y a pas eu de révolutions générales du globe; l'évolution de notre planète s'est faite lentement, par le jeu ininterrompu des agents physiques, encore à l'œuvre aujourd'hui.

De même, la Paléontologie nous a appris qu'il n'y a pas eu des destructions et des apparitions simultanées de faunes et de flores; elle nous a montré que les changements du monde animal se sont produits avec une excessive lenteur et qu'un grand nombre d'espèces ont passé d'une époque géologique à l'époque suivante. Les divisions établies dans l'histoire du globe ne sont pas réelles; elles ne servent qu'à aider la faiblesse de notre esprit.

En somme, le monde actuel n'est que la suite du monde fossile. Ce monde unique « s'est continué depuis les plus anciens temps jusqu'à nos jours. Il peut être étudié comme un individu à ses différents âges; nous suivons son développement à travers les phases de son existence que nous appelons les âges géologiques. »

Ceci est déjà de nature à nous incliner plutôt vers la théorie des transformations successives que vers la théorie des créations indépendantes. Mais ce n'est pas tout.

Quand on suit les variations d'une forme déterminée à travers les âges, on s'aperçoit que ces variations sont si graduelles, si bien nuancées qu'il est impossible d'échapper à l'idée d'évolution. On ne voit pas pourquoi, par exemple, pour réaliser des types aussi différents les uns des autres que le sont aujourd'hui les Pachydermes et les Chevaux, la nature aurait été obligée de passer par tous les intermédiaires que la paléontologie nous a révélés, si elle avait procédé par créations indépendantes. Au contraire nous comprenons ces intermédiaires si nous admettons que les Chevaux ont été tirés des

Pachydermes par une longue suite de transformations légères mais toujours ordonnées dans le même sens.

La preuve la plus forte est fournie par les *organes rudimentaires*. Ces organes, sans utilité à l'époque actuelle, conservent le souvenir des origines lointaines de leurs possesseurs. Comment expliquer, par exemple, la présence des deux stylets osseux situés à droite et à gauche du doigt unique du Cheval si l'on suppose que le Cheval a été créé de toutes pièces tel qu'il est aujourd'hui? Mais avec la théorie de l'évolution, la signification des stylets est fort claire. Les Chevaux proviennent de Mammifères à 5 doigts par réduction et disparition progressives des doigts latéraux. Les deux derniers n'ont pas encore tout à fait disparu.

D'éminents naturalistes, n'envisageant que les êtres actuels, ont essayé de démontrer leur variabilité. Malgré leur génie, ils ont trouvé des contradicteurs. C'est que les transformations des êtres animés sont trop lentes et que notre vie est trop courte. « Nous sommes, a dit d'Archiac, comme les éphémères qui meurent au soir du jour qui les a vus naître; nous n'avons pas eu le temps de contempler les métamorphoses du monde organique. »

La Paléontologie projette de vives lueurs dans la nuit des temps et nous permet d'embrasser d'un coup d'œil les transformations qui ont exigé des milliers de siècles. Pris un à un les changements paraissent insignifiants, mais comme ils se répètent dans la même direction, la différence entre deux termes éloignés d'une même série finit par devenir énorme.

Nous sommes ainsi conduits à conclure que les espèces d'animaux fossiles n'ont pas été immuables, qu'elles se sont transformées en d'autres, que l'évolution est la loi suprême du monde animé comme du monde physique. Aux vieilles définitions de l'espèce, basées sur leur prétendue fixité, nous devons substituer celle-ci : « L'espèce est l'assemblage des individus qui ne sont pas encore assez différenciés pour cesser de donner ensemble des produits féconds. »

D'illustres savants, Lamarck, Darwin, pour ne parler que des morts, ont essayé de trouver les causes de l'évolution.

Lamarck a invoqué surtout l'influence des milieux et de l'exercice des organes. Darwin a essayé de montrer l'importance de la *concurrence vitale* et de la *sélection naturelle*. Pour l'un comme pour l'autre, les caractères nouveaux se transmettent par voie d'hérédité.

Quoi qu'il en soit, nous devons considérer la théorie de l'évolution comme on considère toutes les hypothèses scientifiques : il faut l'adopter, dans l'état actuel de la science, parce qu'elle rend mieux compte que les autres des faits observés.

En terminant ce petit livre, je souhaite que ses lecteurs soient impressionnés, comme moi, par la majesté qui se dégage des études paléontologiques ; qu'ils soient charmés par la beauté qui apparaît dans toutes les créatures des temps passés, si humbles qu'elles aient été. Puisse le spectacle de l'activité infinie, dont notre science témoigne, contribuer à leur inspirer le goût d'un travail incessant pour le perfectionnement de l'Humanité.

TABLE DES MATIÈRES

TABLE ALPHABÉTIQUE

54176. — Imprimerie LAHURE, 9, rue de Fleurus, à Paris.

MASSON & Cie, Éditeurs

120, boulevard Saint-Germain, Paris (6ᵉ)

P. nᵒ 408.   (Novembre 1904.)

EXTRAIT DU CATALOGUE CLASSIQUE⁽¹⁾

(Année Scolaire 1904-1905)

ENSEIGNEMENT SECONDAIRE

Cours de Grammaire

Par H. BRELET

Ancien élève de l'École normale supérieure, Agrégé de Grammaire,
Professeur de Quatrième au lycée Janson-de-Sailly.

Nous avons achevé le *Nouveau Cours de Grammaire française* de
M. H. Brelet, dont les premiers volumes ont trouvé un accueil si
favorable auprès des maîtres et des élèves. Ainsi se trouve rempli le
programme de M. Brelet : il a publié également des cours parallèles de
Grammaire latine et de Grammaire grecque. Est-il nécessaire de
faire ressortir l'avantage de ces trois cours formant un tout dont les
différentes parties ont entre elles des liens de parenté grâce auxquels
les débutants dans l'étude d'une nouvelle langue, loin de se trouver
dépaysés, retrouvent la méthode avec laquelle ils sont déjà familiarisés?

**Voir au verso le détail des Cours de Grammaire française,
de Grammaire latine et de Grammaire grecque, ainsi que les
modifications apportées à ces deux derniers cours pour les
mettre en conformité avec les nouveaux programmes de 1902.**

(1) *En raison des remaniements considérables que viennent
de subir les programmes de l'Enseignement secondaire, nous
avons apporté d'importantes modifications à la plupart de
nos ouvrages classiques. Bien que nous donnions ici l'indi-
cation de ces changements, nous tenons à attirer l'attention
du public sur le caractère provisoire du présent catalogue en
même temps que sur l'importance des réformes déjà faites
pour répondre aux nécessités des nouveaux programmes.*

*Tous nos ouvrages classiques seront en tous cas transformés
conformément à ces programmes au fur et à mesure que
l'application en sera faite à chaque classe.*

ENSEIGNEMENT SECONDAIRE

Nouveau Cours
de
Grammaire Française
Par H. BRELET

I
CLASSES PRÉPARATOIRES

Premières leçons de Grammaire française, à l'usage des Classes Préparatoires, par H. BRELET et MATHEY, professeur de Huitième au lycée Janson-de-Sailly. *Nouvelle édition*, corrigée. 1 vol. in-16, cartonné toile souple. . . . . 2 fr.

Ce volume comprend à la fois les leçons et les exercices qui y correspondent.

II
CLASSES ÉLÉMENTAIRES

Éléments de Grammaire française, à l'usage des classes de Huitième et de Septième, par H. BRELET. *Nouvelle édition*, revue et corrigée. 1 vol. in-16, cartonné toile souple. . . . . 2 fr.

Exercices sur les Éléments de Grammaire française, à l'usage des classes de Huitième et de Septième, par V. CHARPY, agrégé de Grammaire, professeur de Quatrième au lycée Janson-de-Sailly. *Nouvelle édition*. 1 vol. in-16, cartonné toile souple. . . . . . 2 fr.

III
PREMIER CYCLE
Divisions **A** *et* **B.**

Abrégé de Grammaire française, à l'usage des classes de Sixième et de Cinquième, par H. BRELET. *Nouvelle édition*, revue et corrigée. 1 vol. in-16, cartonné toile souple. . . . . 2 fr. 50

Exercices sur l'Abrégé de Grammaire française, à l'usage des classes de Sixième et de Cinquième, par H. BRELET et V. CHARPY. 1 vol. in-16, cartonné toile souple. . . . . 2 fr. 50

IV

Grammaire française, à l'usage de la classe de Quatrième et des Classes supérieures, par H. BRELET. *Nouvelle édition*. 1 vol. in-16, cartonné toile. . . . . 3 fr.

Exercices sur la Grammaire française, à l'usage de la classe de Quatrième et des Classes supérieures, par H. BRELET et V. CHARPY. 1 vol. in-16, cartonné toile. . . . . 3 fr.

ENSEIGNEMENT SECONDAIRE

NOUVEAU COURS

DE

Grammaire Latine

et de

Grammaire Grecque

Par H. BRELET

Volumes in-16, cartonnés toile anglaise.

Abrégé de Grammaire latine. (*Premier cycle* : Sixième, Cinquième,
Quatrième et Troisième *A*. — *Deuxième cycle* : Secondes-Premières
A. B. C.).. 2 fr.
Abrégé de Grammaire grecque. (*Premier cycle* : Quatrième et
Troisième *A*. — *Deuxième cycle* : Deuxième et Première *A*). . 2 fr.
Nous publions ces deux *Abrégés* pour répondre au mouvement d'opinion qui
s'est prononcé contre certaines tendances des grammairiens modernes à donner
à leurs livres un caractère trop savant. Pour ceux qui voudraient pousser plus
loin leurs études, nous continuons à vendre nos Cours supérieurs de Grammaire
latine et grecque.

EXERCICES CORRESPONDANTS

Exercices latins (*Versions et thèmes*), (classe de **Sixième**), par M. V. CHARPY,
agrégé de grammaire, professeur de Quatrième au lycée Janson-de-Sailly.
Nouvelle édition, revue et augmentée. . . . . 2 fr.
Exercices latins (*Versions et thèmes*), (classe de **Cinquième**), par MM. BRELET
et V. CHARPY. Nouvelle édition, revue . . . . 2 fr. 50
Exercices latins (*Versions et thèmes*), (classe de **Quatrième**), par MM. H. BRELET
et P. FAURE, professeur de Rhétorique au lycée Janson-de-Sailly. Nouvelle
édition, revue et corrigée. . . . . 2 fr. 50
Exercices latins (*Versions et thèmes*), (classes supérieures), par MM. H. BRELET
et P. FAURE. . . . . 3 fr.

Exercices grecs (*Versions et thèmes*), (classe de **Cinquième**), (*ancien pro-
gramme*), par MM. H BRELET et V. CHARPY, Nouvelle édition . . . . . . 1 fr. 50
Exercices grecs (*Versions et thèmes*), sur les déclinaisons et les conjugaisons,
(classe de **Quatrième**) (*nouveau programme*), par MM. H. BRELET et V. CHARPY 2 fr.
Exercices grecs (*Versions et thèmes*), sur la syntaxe (classes supérieures), par
MM. H. BRELET et P. FAURE. . . . . 3 fr.

COURS SUPÉRIEUR

Grammaire latine (Classes supérieures). Nouvelle édition.   2 fr. 50
Grammaire grecque (Classes supérieures). Nouvelle édition.   3 fr. »

Tableau des exemples des grammaires grecque et latine (classe de
Quatrième et classes supérieures). 1 vol. petit in-8°, cartonné.. . . 80 c.
Chrestomathie grecque, ou Recueil de textes gradués (classes de **Quatrième**
et de **Troisième**). Nouvelle édition entièrement refondue . . . 2 fr. 50
Epitome historiæ græcæ (classe de **Quatrième**), avec deux cartes en cou-
leurs et figures dans le texte . . . . 2 fr.

ENSEIGNEMENT SECONDAIRE
Langues vivantes (suite)
Lectures Historiques Allemandes
Par Paul DURANDIN
Agrégé de l'Université, Examinateur au Collège Stanislas.
1 volume in-16, cartonné toile. . . . . **4 fr. 50**

Ouvrages de **M. VESLOT**
Agrégé de l'Université, professeur au lycée de Poitiers
Rédigés conformément aux programmes du 31 mai 1902

Lectures anglaises
Pour les classes de seconde et de première.
*(Histoire, géographie, arts, sciences, avec notes explicatives,
grammaticales et biographiques en anglais).*
1 vol. in-16, cartonné toile. . . . . **3 fr.**

English Grammar
MANUEL CLASSIQUE DE GRAMMAIRE ANGLAISE
Deuxième édition. 1 vol. in-16, cartonné toile . . . . **1 fr. 50**

Grammaire Espagnole
Par **I. GUADALUPE,**
professeur au Collège Rollin
et aux Cours de la Ville.
Deuxième édition, revue et augmentée
1 volume in-16, cartonné toile anglaise. . . . . **3 fr.**

Ouvrages de
MM. E. BAUER et DE SAINT-ÉTIENNE
Professeurs à l'École alsacienne

Premières Lectures Littéraires
1 vol. in-16, cartonné toile *(Dixième édition.)* . . . . **1 fr. 50**

Nouvelles Lectures Littéraires
Avec notes et notices, et Préface par M. Petit de Julleville
1 vol. in-16, cartonné toile *(Cinquième édition.)* . . . . . . **2 fr. 50**

Récitations Enfantines
à l'usage des classes élémentaires des lycées et collèges
1 vol. in-16 avec figures, cartonné toile. . . . . **1 fr. 25**

BRUNOT, professeur à la Faculté des lettres de Paris.

> **Précis de Grammaire historique de la langue fran-
> çaise,** avec une introduction sur les origines et le développe-
> ment de cette langue. *Ouvrage couronné par l'Académie fran-
> çaise,* 4ᵉ édition augmentée d'indications bibliographiques et d'un
> index. 1 vol. in-18, cart. toile verte . . . . 6 fr.

CAUSSADE (De), Conservateur à la Bibliothèque Mazarine,
membre des commissions d'examens de l'Hôtel de Ville.

> **Notions de Rhétorique et étude des genres litté-
> raires.** 10ᵉ édit. 1 vol. in-18, toile anglaise . . . . . 2 fr. 50

> **Littérature grecque.** 6ᵉ édit. 1 vol. in-18, toile anglaise.   3 fr.

> **Littérature latine.** 4ᵉ édit. 1 vol. in-18, toile anglaise.   6 fr.

LE GOFFIC (Charles) et **THIEULIN** (Édouard), professeurs
agrégés de l'Université.

> **Nouveau traité de versification française,** à l'usage
> des lycées et des collèges, des écoles normales, du brevet supé-
> rieur et des classes de l'enseignement secondaire des jeunes filles.
> 4ᵉ édition revue et augmentée. 1 vol. in-16, cart. toile.   1 fr. 50

LIARD, vice-recteur de l'Académie de Paris.

> **Logique** (cours de Philosophie), 4ᵉ édition. 1 volume in-18, car-
> tonné toile. . . . . 2 fr.

MORILLOT (Paul), professeur à la Faculté de Grenoble.

> **Le Roman en France depuis 1610 jusqu'à nos jours.**
> *Lectures et Esquisses.* 1 vol. in-16. . . . . 5 fr.

CLÉDAT, professeur à la Faculté des lettres de Lyon, lauréat de
l'Académie française.

> **Précis d'orthographe et de grammaire phonétiques**
> pour l'enseignement du français à l'étranger. 1 vol. in-18. .   1 fr.

HANNEQUIN, professeur à la Faculté des lettres de Lyon.

> **Introduction à l'étude de la psychologie.** 1 volume
> in-18. . . . . 1 fr. 50

Ouvrages de M. PETIT DE JULLEVILLE

Professeur à la Faculté des lettres de Paris.

HISTOIRE
DE LA
Littérature Française

Depuis les origines jusqu'à nos jours

Nouvelle édition, augmentée pour la période contemporaine. 1 vol. in-16. Broché. . 3 fr. 50, cart. toile. . 4 fr.

On peut se procurer séparément :

DES ORIGINES A CORNEILLE. Seizième édition. 1 vol. in-16, cart toile. . . . . 2 fr.

DE CORNEILLE A NOS JOURS. Seizième édition revue et mise à jour, par M. Auguste AUDOLLENT, maître de conférences à l'Université de Clermont. 1 vol. in-16, cart. toile . . . . 2 fr.

MORCEAUX CHOISIS
des Auteurs français

poètes et prosateurs

AVEC NOTES ET NOTICES

1 vol. in-16, cart. toile . . . . . 5 fr.

On vend séparément:

Nouvelle édition renfermant environ 400 extraits des principaux écrivains depuis le onzième siècle jusqu'à nos jours, avec de courtes notices d'histoire littéraire. Cette nouvelle édition, revue et mise à jour par M. A. Audollent, maître de conférences à l'Université de Clermont, a été augmentée d'un choix d'extraits des écrivains contemporains depuis Leconte de Lisle et Flaubert jusqu'à A. Daudet, Pierre Loti, Anatole France, Guy de Maupassant, Paul Bourget et Edmond Rostand.

I. MOYEN AGE ET XVIᵉ SIÈCLE. — II. XVIIᵉ SIÈCLE. — III. XVIIIᵉ ET XIXᵉ SIÈCLES. Chaque volume, cart. toile verte, est vendu séparément . . . . 2 fr.

LEÇONS
de Littérature Grecque

Par M. CROISET, membre de l'Institut, professeur à la Faculté des lettres. 8ᵉ édition. 1 vol. in-16, cart. toile. . . . . 2 fr.

LEÇONS
de Littérature Latine

Par MM. LALLIER, maître de conférences, et LANTOINE, secrétaire de la Faculté des lettres de Paris. 7ᵉ édition. 1 vol. in-16, cartonné. . . . . . 2 fr.

PREMIÈRES LEÇONS
D'HISTOIRE LITTÉRAIRE

Littérature grecque, littérature latine, littérature française, par MM. CROISET, LALLIER et PETIT DE JULLEVILLE. 7ᵉ édition. 1 vol. in-16, cartonné toile. . . . 2 fr.

ENSEIGNEMENT SECONDAIRE

COURS COMPLET
DE GÉOGRAPHIE

PUBLIÉ SOUS LA DIRECTION DE

M. MARCEL DUBOIS

Professeur de Géographie coloniale à la Faculté des lettres de Paris,
Maître de conférences à l'École normale de jeunes filles de Sèvres.

Avis important

Le plan d'études du 31 mai 1902 a apporté d'importantes modifications à l'enseignement de la géographie dans les lycées et collèges, ce qui nécessitait par contre-coup la refonte complète des livres jusqu'ici entre les mains des élèves. C'était là une entreprise difficile, car il ne s'agissait pas de publier des manuels d'une rédaction hâtive et négligée. Grâce à l'édiction de mesures transitoires, nous avons pu faire paraître les nouveaux volumes au fur et à mesure de l'application des programmes de 1902 dans les différentes classes. Après la géographie générale, l'Amérique et l'Australasie (classe de sixième) et la géographie générale (classe de seconde), nous venons de publier la France et ses Colonies (classe de première), l'Afrique, Asie, Insulinde (classe de cinquième), et l'Europe (classe de quatrième). Notre cours se trouve ainsi correspondre complètement aux nouveaux programmes.

CLASSES ÉLÉMENTAIRES

Géographie élémentaire des cinq parties du monde, avec cartes et croquis, avec la collaboration de M. Thalamas, professeur au lycée Condorcet (*Huitième*). . . . .   2 fr.

Géographie élémentaire de la France et de ses colonies. — *Cours élémentaire*, avec cartes et croquis, avec la collaboration de M. Thalamas, professeur au lycée Condorcet (*Septième*) . .   2 fr.

PREMIER CYCLE
Divisions A et B.

Géographie générale. — Amérique, Australasie, avec cartes et croquis, avec la collaboration de M. Aug. Bernard, Docteur ès lettres, professeur de Faculté. *(Nouveau programme, classe de Sixième.)* . . . . **2 fr. 50**

Afrique — Asie — Insulinde, avec cartes et croquis, avec la collaboration de H. Schirmer, maître de conférences à l'Université de Paris et de M. Camille Guy, gouverneur du Sénégal, 4ᵉ édition entièrement refondue. *(Nouveau programme, classe de Cinquième.).* . . . . **2 fr. 50**

Europe, avec la collaboration de MM. Durandin et Malet, professeurs agrégés d'histoire et de géographie. 4ᵉ édition entièrement refondue. *(Nouveau programme, classe de Quatrième.).* . . . . **3 fr.**

Géographie de la France et de ses Colonies. — *Cours moyen,* avec cartes et croquis. 2ᵉ édition, revue et corrigée, avec la collaboration de F. Benoit, chargé de cours à l'Université de Lille . . . . . **3 fr.**

DEUXIÈME CYCLE
Sections A. B. C. D.

Géographie générale. Avec cartes et croquis. *(Nouveau programme, classe de Seconde.).* . . . . **4 fr.**
Un atlas de cartes d'études, par MM. M. Dubois et Sieurin, correspond à ce volume (v. page 10).

Géographie de la France et de ses Colonies. — *Cours supérieur,* avec figures et cartes, 5ᵉ édition. *(Nouveau programme, classe de Première.)* . . . . **4 fr.**

CLASSES ÉLÉMENTAIRES

Cours d'Histoire et de Géographie
PAR
E. SIEURIN
Professeur au collège de Melun.

Classe de Huitième
1 volume in-16 cartonné toile, avec nombreuses figures. **2 fr. 50**

Classe de Septième
1 volume in-16 cartonné toile, avec nombreuses figures. **2 fr. 50**

ENSEIGNEMENT SECONDAIRE

Nouveau Cours d'Histoire

Rédigé conformément aux programmes du 31 mai 1902

PAR L.-G. GOURRAIGNE

Professeur au lycée Janson-de-Sailly,
à l'École normale supérieure d'enseignement primaire de Saint-Cloud
et à l'École coloniale.

Le moyen âge et le commencement des temps modernes (classe de Cinquième). 1 volume in-16 avec nombreuses figures, cartonné toile. . . . . 3 fr.

L'Époque contemporaine (classes de Troisième A et B). 1 vol. in-16 . . . . *(Sous presse.)*

Histoire contemporaine de 1815 à 1889 (classes de Philosophie A et de Mathématiques A). 1 vol. in-16, cart. toile. 5 fr.

L'enseignement de l'histoire a été complètement transformé par les nouveaux programmes. M. Gourraigne a entrepris de publier un cours complet conforme à ces programmes, moins l'Histoire de la Civilisation ancienne indiquée ci-dessous.

Histoire de la
Civilisation ancienne

jusqu'au dixième siècle

ORIENT, GRÈCE, ROME, LES BARBARES

Rédigée conformément aux programmes du 31 mai 1902 pour les *classes de Seconde et de Première.*

Par Charles SEIGNOBOS

Docteur ès lettres, maître de conférences à la Faculté des lettres de Paris.

1 vol. in-16 de 450 pages, cartonné toile . . . . 4 fr.

Cartes d'Étude

pour servir à l'Enseignement de l'Histoire

Par MM.

F. Corréard & E. Sieurin

Fin du Moyen Age, Temps modernes et contemporains (1270-1901)

Deuxième édition. Un atlas in-4° (110 cartes et cartons), relié. 2 fr. 50

ENSEIGNEMENT COMMERCIAL

Précis de Géographie Économique

PAR MM.

MARCEL DUBOIS
Professeur de Géographie coloniale
à la Faculté des lettres de Paris.

J.-G. KERGOMARD
Professeur agrégé d'Histoire
et Géographie au lycée de Rouen.

Deuxième édition entièrement refondue et mise au courant

Avec la collaboration de

M. Louis LAFFITTE
Professeur à l'École de Commerce de Nantes.

1 vol. in-8 de 833 pages, broché **8 fr.**; Cartonné toile **9 50**

On vend séparément : La France, l'Europe. 1 vol. **6 fr.**;
L'Asie, l'Océanie, l'Afrique et les Amériques. 1 vol. **4 fr.**

Éléments de Commerce
et de Comptabilité

Par **Gabriel FAURE**
Professeur à l'École des Hautes Études commerciales et à l'École commerciale,
CINQUIÈME ÉDITION, revue et modifiée.
1 volume petit in-8, cartonné toile anglaise. . . **4 fr.**

ENSEIGNEMENT AGRICOLE

Géographie agricole de la France et du Monde

PAR

J. DU PLESSIS DE GRENÉDAN
Professeur à l'École supérieure d'Agriculture d'Angers

AVEC UNE LETTRE-PRÉFACE

de M. le Marquis DE VOGÜÉ
Membre de l'Académie française, Président de la Société des Agriculteurs de France.
Ouvrage couronné par l'Académie Française.

1 vol. in-8° avec 118 figures et cartes dans le texte . . . . **7 fr.**

ENSEIGNEMENT PRIMAIRE SUPÉRIEUR

COURS D'HISTOIRE

PAR

E. SIEURIN et C. CHABERT

Professeurs à l'École primaire supérieure de Melun.

3 VOLUMES IN-16, CARTONNÉS TOILE

1ʳᵉ année. — Histoire de France de 1453 à 1789, 3ᵉ édition,
1 vol. . . . . 1 fr. 75
2ᵉ année. — Histoire de France de 1789 à nos jours, 2ᵉ édition.
1 vol.. . . . . 1 fr. 75
3ᵉ année. — Le Monde contemporain, 2ᵉ édition, 1 vol. 1 fr. 75

COURS de PHYSIQUE & de CHIMIE

PAR

P. MÉTRAL

Agrégé de l'Université, professeur à l'École primaire supérieure Colbert, Paris.

1ʳᵉ année. — Physique et Chimie, 3ᵉ édition. 1 vol. 2 fr. 50
2ᵉ année. — Physique et Chimie, 2ᵉ édition. 1 vol. 3 fr. 50
3ᵉ année. — Physique et Chimie, 2ᵉ édition. 1 vol. 2 fr. 50
Ce Cours se vend également ainsi divisé :
Cours de Physique (1ʳᵉ, 2ᵉ et 3ᵉ années) . . . . 4 fr. »
Cours de Chimie (1ʳᵉ, 2ᵉ et 3ᵉ années). . . . . 3 fr. 50

COURS D'ARITHMÉTIQUE

THÉORIQUE et PRATIQUE

Par M. H. NEVEU

Agrégé de l'Université, professeur à École Lavoisier.

1 volume in-16, cartonné toile . . . . 3 fr.

COURS D'INSTRUCTION CIVIQUE

PAR

Albert MÉTIN

Professeur aux Écoles primaires supérieures de Paris.

1 volume in-18 avec figures, cartonné toile. . . . . 1 fr. 50

COURS D'ÉCONOMIE POLITIQUE

et de DROIT USUEL

PAR

Albert MÉTIN

Professeur aux Écoles primaires supérieures de Paris.

1 volume in-16, cartonné toile.. . . . . 2 fr.

ENSEIGNEMENT PRIMAIRE SUPÉRIEUR

Cours Normal de Géographie

PAR

MARCEL DUBOIS

Professeur de Géographie coloniale à la Faculté des lettres de Paris,
Maître de Conférences à l'École normale supérieure de jeunes filles de Sèvres

1re année. — L'OCÉANIE, L'AFRIQUE, L'AMÉRIQUE, précédées de 15 cartes consacrées à la **Géographie générale**, avec la collaboration de A. Bernard et A. Parmentier. 7ᵉ édition. **2 fr.**

2ᵉ année. — EUROPE, ASIE, avec la collaboration de P. Durandin (Europe) et de A. Parmentier (Asie). 6ᵉ édit. **2 fr.**

3ᵉ année. — FRANCE ET COLONIES, avec la collaboration de F. Benoît. 8ᵉ édition. . . . . **2 fr.**

Chaque volume in-16, avec cartes et croquis, cartonné . . **2 fr.**

Cartes d'Étude

pour servir à l'Enseignement de la Géographie

Par MM.

MARCEL DUBOIS & E. SIEURIN

Professeur au collège de Melun.

1re année. — **Océanie, Afrique, Amérique,** précédées de 13 cartes consacrées à la **Géographie générale,** *septième édition.* 1 vol. in-4°, cartonné.. . . . . **2 fr. 25**

2ᵉ année. — **Europe, Asie,** *sixième édition, revue et corrigée.* 1 vol. in-4°, cartonné. . . . . **2 fr. 25**

3ᵉ année. — **La France et ses colonies,** *huitième édition revue,* 1 vol. in-4°, cartonné. . . . . **1 fr. 80**

Cartes d'Étude

pour servir à l'Enseignement de l'Histoire

Par MM.

F. Corréard & E. Sieurin

Fin du Moyen Age, Temps modernes et contemporains (1270-1901)

Deuxième édition, revue et augmentée de 9 cartes.

Un Atlas in-4°. . . . . **2 fr. 50**

COLLECTION LANTOINE

Extraits des Classiques
Grecs et Latins

TRADUITS EN FRANÇAIS

Cette collection, qui s'adapte de tout point au nouveau plan d'études de l'Enseignement secondaire, est destinée aux élèves des classes de Troisième, de Seconde et de Première; elle sera particulièrement utile, dans les sections : **Latin-Grec, Latin-Langues vivantes, Latin-Sciences**, aux candidats à la première partie du Baccalauréat, qui n'ont pas le temps de lire en entier, dans le texte même, tous les auteurs du programme.

Quant à l'inconvénient qu'il pourrait y avoir à mettre entre les mains des jeunes gens la traduction, même partielle, de tel ou tel écrivain, la circulaire ministérielle du 15 janvier 1890 nous paraît devoir lever tous les scrupules à cet égard : « Un emploi judicieux des traductions, « dit-elle, peut rendre de très grands services, non pas bien entendu « que les traductions puissent en toutes circonstances dispenser des « originaux..... ; mais, si l'étude directe des originaux doit rester sans « conteste au premier rang, **les traductions n'en ont pas moins** « **aussi leur rôle à jouer**, et un rôle plus considérable sans aucun « doute que celui qui leur est souvent attribué dans la tradition de nos « lycées. » Chacun des volumes comprend une notice biographique et littéraire, des notes et un index quand il a paru nécessaire.

Homère. *Odyssée* (Analyse et Extraits), par M. ALLÈGRE, professeur à la Faculté des lettres de Lyon.

Plutarque. *Vies des Grecs illustres* (Choix), par M. LEMERCIER, maître de conférences à la Faculté des lettres de Caen.

Herodote (Extraits), par M. CORRÉARD, professeur au lycée Charlemagne.

Homère. *Iliade* (Analyse et Extraits), par M. ALLÈGRE.

Plutarque. *Vies des Romains illustres* (Choix), par M. LEMERCIER.

Virgile (Analyse et Extraits), par M. H. LANTOINE.

Xénophon (Analyse et Extraits), par M. VICTOR GLACHANT, professeur au lycée Buffon.

Eschyle, Sophocle, Euripide (Extraits), par M. PUECH, maître de conférences à la Faculté des lettres de Paris.

Plaute, Térence (Extraits choisis), par M. AUDOLLENT, maître de conférences à la Faculté des lettres de Clermont.

Eschyle, Sophocle, Euripide (Pièces choisies), par M. PUECH, maître de conférences à la Faculté des lettres de Paris.

Aristophane. Pièces choisies par M. FERTÉ, professeur au lycée Charlemagne.

Sénèque. Extraits par M. LEGRAND, professeur au lycée Buffon.

Cicéron. Traités. Discours. Lettres, par M. H. LANTOINE.

César, Salluste, Tite-Live, Tacite (Extraits), par M. H. LANTOINE, secrétaire de la Faculté des lettres de Paris.

Chaque volume est vendu cartonné toile anglaise. **2 fr.**

ENSEIGNEMENT SECONDAIRE DES JEUNES FILLES

Morceaux Choisis
à l'usage des
Classes Préparatoires

TROISIÈME ÉDITION, REVUE ET AUGMENTÉE

Publiés par Mesdames CHAPELOT, BOUCHEZ *et* HOCDÉ, *Professeurs au lycée Fénelon.*

Le premier degré et le deuxième degré s'adressent aux fillettes de 6 à 9 ans : les auteurs n'y ont pas ajouté de notes, sachant, par expérience, que pour de si jeunes enfants aucune explication écrite ne peut remplacer la parole du professeur. Le *troisième degré*, qui est destiné aux élèves de 9 à 11 ans, contient quelques notes explicatives. Le *quatrième degré*, plus complet sous ce rapport, sera pour les enfants de 11 à 13 ans une préparation aux études littéraires :

Les morceaux choisis comprennent 3 volumes in-18 cartonnés toile. Chacun des 2 premiers volumes est vendu **1 fr. 50**; le troisième est vendu **2 fr. 50**.

Histoire de la Civilisation
PAR CH. SEIGNOBOS
Docteur ès lettres, Maître de conférences à la Faculté des lettres de Paris.

2 VOLUMES IN-16, CARTONNÉS TOILE VERTE, AVEC FIGURES

Histoire de la civilisation. — *Histoire ancienne de l'Orient.* — *Histoire des Grecs.* — *Histoire des Romains.* — *Le Moyen âge jusqu'à Charlemagne.* 7ᵉ édition avec 105 figures. . . . . . . **3 fr. 50**

Histoire de la civilisation. — *Moyen âge depuis Charlemagne.* — *Renaissance et temps modernes.* — *Période contemporaine.* 5ᵉ édition avec 72 figures . . . . **5 fr.** ᴅ

Cours normal de Géographie
Par MARCEL DUBOIS

(Voir la division de ce cours, page 15)

Cartes d'Étude
pour servir à l'Enseignement de la Géographie
Par MM.
MARCEL DUBOIS & E. SIEURIN

(Voir la division de ces cartes, page 15)

PHYSIQUE

Nouveau cours

DE

Physique élémentaire

Rédigé conformément aux programmes du 31 mai 1902

SOUS LA DIRECTION DE MM.

FERNET

Inspecteur général de l'Instruction publique.

FAIVRE-DUPAIGRE
Inspecteur de l'Académie de Paris.

CARIMEY
Professeur au lycée Saint-Louis.

3 volumes in-16.

I. **Classe de seconde.** 1 vol. in-16, avec 271 figures,
cart. toile. . . . . 3 fr.

II. **Classe de première,** 1 vol. in-16, avec 399 figures,
cart. toile. . . . . 4 fr.

Ce cours, entièrement nouveau, comprend trois volumes
correspondant aux programmes des classes de Seconde, Première,
Philosophie et Mathématiques. Le dernier volume paraîtra dans
le courant de 1905.

Traité de Physique élémentaire, de Ch. Drion et E. Fernet. *Treizième édition, entièrement refondue,* par E. FERNET, inspecteur général de l'Instruction publique, ancien professeur de Physique au lycée Saint-Louis, avec la collaboration de J. FAIVRE-DUPAIGRE, professeur au lycée Saint-Louis. 1 vol. in-8 avec 665 figures dans le texte. . . . . 8 fr.
Cartonné toile. . . . . 9 fr.

Précis de Physique, par E. FERNET. 28ᵉ édition, en collaboration avec J. FAIVRE-DUPAIGRE. 1 vol. in-18, avec 325 fig. cart. 3 fr.

Cours élémentaire de Physique, par E. FERNET. 4ᵉ édition. 1 vol. in-16, avec 473 figures, cartonné toile anglaise. 5 fr.

Cours de Physique pour la classe de Mathématiques spéciales. *Quatrième édition* (*rédaction entièrement nouvelle*), par E. FERNET et J. FAIVRE-DUPAIGRE, 1 volume grand in-8, avec 758 figures . . . . 18 fr.

GÉOMÉTRIE

Ouvrages de MM.

Ch. VACQUANT	A. MACÉ DE LÉPINAY
Ancien Inspecteur général de l'Instruction publique.	Professeur de mathématiques spéciales au lycée Henri IV.

Conformes aux nouveaux programmes de 1902

Géométrie élémentaire, à l'usage des élèves de la division A du premier cycle, des sections A et B du second cycle. 1 v. in-16 c.   3 fr. 25

On vend séparément :

Première partie (*Quatrième* et *Troisième A*); 1 vol. in-16 cart.   1 fr. 75

Deuxième partie (*Seconde* et *Première A* et *B*). 1 vol. in-16 cart.   1 fr. 75

Éléments de Géométrie, à l'usage des élèves de la division D du premier cycle, des sections C et D du second cycle. 1 vol. in-16 cartonné toile . . . . 5 fr. 25

On vend séparément :

Première partie (*Cinquième, Quatrième* et *Troisième B*). 1 vol. in-16 cartonné toile. . . . . . 2 fr. 75

Ce volume contient la Géométrie plane suivie d'un aperçu de la Géométrie dans l'espace.

Deuxième partie (*Seconde* et *Première C et D*), avec des compléments relatifs au programme de la classe de Mathématiques. 1 vol. in-16 cart. toile. . . . . 2 fr. 75

— Géométrie dans l'espace, courbes usuelles, compléments relatifs à l'homographie.

Cours de Géométrie élémentaire, à l'usage des élèves de mathématiques élémentaires, avec des compléments destinés aux candidats à l'École Normale et à l'École Polytechnique. 7ᵉ édition. 1 vol. avec 1000 figures. 9 fr. Cart. . 10 fr.

TRIGONOMÉTRIE

Ouvrages de MM.

Ch. VACQUANT	A. MACÉ DE LÉPINAY
Ancien Inspecteur général de l'Instruction publique.	Professeur de mathématiques spéciales au lycée Henri IV.

Cours de Trigonométrie. Nouvelle édition.

1ʳᵉ partie (Seconde et Première C et D et candidats aux écoles du gouvernement). 1 vol. in-8°, broché . . . . . . 3 fr.

2ᵉ partie (Mathématiques). 1 vol. in-8°, broché . . 2 fr. 50

Éléments de Trigonométrie. 2ᵉ édit. 1 vol. in-16, cart. toile anglaise . . . . 2 fr. 80

ÉLECTRICITÉ

Traité élémentaire d'Électricité,
par **M. JOUBERT**, inspecteur général de l'Instruction publique. 4ᵉ édition revue et augmentée. 1 vol. avec 382 figures. . . . . 8 fr.

Cours élémentaire d'Électricité,
par **M. JOUBERT**, à l'usage des classes de l'Enseignement secondaire. 4ᵉ édit. 1 vol. in-16, avec 144 figures. . . . . 2 fr.

SCIENCES NATURELLES

Cours élémentaire d'Histoire Naturelle
(Zoologie, Botanique, Géologie et Paléontologie)
Rédigé conformément aux programmes du 31 mai 1902

PAR MM.

M. BOULE	**E.-L. BOUVIER**
Professeur au Muséum d'histoire naturelle.	Professeur au Muséum d'histoire naturelle, Membre de l'Institut.

H. LECOMTE
Professeur au lycée Saint-Louis.

7 volumes in-16, cartonnés toile anglaise et illustrés de très nombreuses figures

PREMIER CYCLE

Notions de Zoologie (Classes de sixième A et B), par E.-L. Bouvier. 2 fr. 50
Notions de Botanique (Classe de cinquième A et B), par H. Lecomte. . 2 fr. 75
Notions de Géologie (Classes de cinquième B et quatrième A), par M. Boule . . . . 1 fr. 75
Notions de Biologie, d'Anatomie et de Physiologie appliquées à l'homme (Classe de troisième B), par E.-L. Bouvier. . . . . 2 fr. 50

SECOND CYCLE

Géologie (Classe de seconde A, B, C, D), par M. Boule.. . . . . . 2 fr. 50
Anatomie et Physiologie végétales (Classes de philosophie et de mathématiques A et B), par H. Lecomte . . . . 2 fr. 50
Anatomie et Physiologie animales (Classes de philosophie et de mathématiques A et B, par E.-L. Bouvier. . . . . 4 fr.
Notions sommaires de Paléontologie (Classes de philosophie A et B et de mathématiques A et B), par M. Boule (*Sous presse*).

DROIT USUEL

Cours élémentaire de droit usuel
Par **T. VAQUETTE**
Docteur en droit

1 vol. in-16, cartonné toile . . . . 2 fr. 50

CHIMIE

Précis de Chimie, par M. TROOST, membre de l'Institut, professeur honoraire à la Faculté des sciences de Paris.

35ᵉ édition, entièrement refondue conformément aux nouveaux programmes. 1 vol. in-18, avec 306 figures, cartonné . . . . . 3 fr. 50

Cette 35ᵉ édition du *Précis de Chimie* est un ouvrage absolument nouveau. Pour répondre à la division des études en deux cycles, deux sortes de caractères ont été adoptés dans ce volume. Les parties imprimées en gros caractères correspondent au premier cycle, et les élèves qui aborderont le second cycle trouveront, imprimées en petits caractères, les parties de la chimie spécialement enseignées dans ce second cycle.

Traité élémentaire de Chimie, par M. TROOST.

Treizième édition entièrement refondue et corrigée. 1 vol. in-8, avec 551 figures. . . . . 8 fr.
Cartonné toile . . . . 9 fr.

MÉMENTOS
à l'usage des Candidats aux Baccalauréats de l'Enseignement classique et moderne et aux Écoles du Gouvernement.

Mémento de chimie, par M. A. DYBOWSKI, professeur au lycée Louis-le-Grand. 7ᵉ *édition.* 1 vol. in-12 . . . 2 fr.

Guide pour les manipulations chimiques, par M. KNOLL, préparateur au lycée Louis-le-Grand. 2ᵉ *édition.* 1 vol. in-12, avec figures dans le texte. . . . . 1 fr.

Questions de Physique. Énoncés et Solutions, par R. CAZO, docteur ès sciences. 3ᵉ *édition.* 1 vol. in-12. 2 fr.

Mémento d'Histoire naturelle, par M. MARAGE, docteur ès sciences. 1 vol. in-12, avec 102 fig. . . . . . . 2 fr.

Conseils pour la Composition française, la version, le thème et les épreuves orales, par A. KELLER. 1 vol. in-12. . . . . 1 fr.

Résumé du Cours de Philosophie sous forme de plans, par A. KELLER. 1 vol. in-12 . . . . 2 fr.

Histoire de la Philosophie, par A. KELLER. 1 vol. 1 fr.

BURAT, professeur au lycée Louis-le-Grand.

Précis de Mécanique. 8ᵉ édition. 1 volume in-18, avec 259 figures, cartonné toile . . . . 3 fr.

DUCATEL, professeur agrégé de Mathématiques.

Leçons d'Arithmétique, à l'usage des classes élémentaires des lycées et collèges de garçons et de jeunes filles et de l'Enseignement primaire. 3ᵉ édition, revue et corrigée. 1 volume in-18, avec questionnaires, exercices et réponses aux exercices, cartonné toile. . . 2 fr. 50

LAPPARENT (A. de), membre de l'Institut.

Traité de Géologie. 4ᵉ édition entièrement refondue et considérablement augmentée. 3 vol. gr. in-8° avec nombreuses figures, cartes et croquis dans le texte. 35 fr.

Abrégé de Géologie. 5ᵉ édition entièrement refondue. 1 vol. in-18, de 424 pages, avec 157 grav. et 1 carte géologique de la France chromolithographiée, cart. toile. 4 fr.

Précis de Minéralogie. 3ᵉ édition, revue et augmentée. 1 vol. in-18, avec 535 figures dans le texte et 1 planche chromolithographiée, cartonné toile. . . . . 5 fr.

Leçons de Géographie physique. 2ᵉ édition, entièrement refondue. 1 vol. grand in-8, avec 163 figures dans le texte et 1 planche en couleurs. . . . . 12 fr.

Notions générales sur l'écorce terrestre. 1 volume petit in-8, avec 33 figures dans le texte . . . . . 1 fr. 20

MAUDUIT, ancien professeur au lycée Saint-Louis.

Précis d'Algèbre. 10ᵉ édition. 1 vol. in-18, cart. 1 fr. 60

Précis d'Arithmétique. 8ᵉ éd. 1 vol. in-18, cart. 1 fr. 40

NEVEU (Henri), agrégé de l'Université.

Cours d'Algèbre, à l'usage des classes de Mathématiques. 2ᵉ édit. 1 vol. in-8. . . . . 8 fr.

PROUST, professeur à la Faculté de médecine de Paris.

Douze conférences d'Hygiène, Nouvelle édition. 1 vol. in-18, cartonné toile. . . . . 2 fr. 50

ROUBAUDI, professeur de mathématiques au lycée Buffon.

Cours de Géométrie descriptive. *Deuxième édition, mise au courant des programmes de 1902.*

Fascicule I. *Classe de Première C et D.* 1 vol. in-8, avec 136 figures. . . . . 2 fr.

Fascicule II. *Classe de Mathématiques,* 1 vol. in-8, avec 214 figures . . . . 3 fr. 50

(Les 2 fascicules réunis en un seul volume). . . . . 5 fr.